小河流生态护

与应用

江辉　著

内 容 提 要

本书内容主要是作者在河流生态治理和生态材料等领域研究成果的总结。全书共7章，第1章介绍了河流生态系统、小河流以及生态护岸的相关概念和功能等；第2章主要阐述生态护岸规划设计的总体思路；第3章主要介绍了生态混凝土护岸的作用机理和相关技术；第4～6章分别介绍了三维土工网垫、土工格室护岸技术以及活木桩等生物工程的护岸技术；第7章详细介绍了生态护岸技术在河流治理工程中的应用。

本书具有一定的理论性和技术实用性，可供河流开发利用、河流生态治理与海绵城市建设等领域的工程技术人员、科研人员和管理人员参考，也可供高校水利工程、土木工程、园林景观、环境工程等专业的本科生和研究生参考。

图书在版编目（CIP）数据

小河流生态护岸技术与应用 / 江辉著. -- 北京 : 中国水利水电出版社, 2020.1
ISBN 978-7-5170-8798-4

Ⅰ. ①小… Ⅱ. ①江… Ⅲ. ①河流－护岸－研究 Ⅳ. ①TV861

中国版本图书馆CIP数据核字(2020)第157159号

书　　名	**小河流生态护岸技术与应用** XIAO HELIU SHENGTAI HU'AN JISHU YU YINGYONG
作　　者	江辉　著
出版发行	中国水利水电出版社 （北京市海淀区玉渊潭南路1号D座　100038） 网址：www.waterpub.com.cn E-mail：sales@waterpub.com.cn 电话：（010）68367658（营销中心）
经　　售	北京科水图书销售中心（零售） 电话：（010）88383994、63202643、68545874 全国各地新华书店和相关出版物销售网点
排　　版	中国水利水电出版社微机排版中心
印　　刷	北京瑞斯通印务发展有限公司
规　　格	184mm×260mm　16开本　8.5印张　207千字　6插页
版　　次	2020年1月第1版　2020年1月第1次印刷
印　　数	0001—1000册
定　　价	**49.00**元

前言

小河流处于江河水系的支流或末梢河道，作为支流来水，它是江河水系的重要组成部分，同时也是大江大河的重要组成部分。小河流承担着灌溉、排水、供水和调蓄洪水等重要功能，但普遍存在着防洪标准低、洪涝干旱抵御能力差、河岸崩塌或滑坡等失稳现象，河流流速小河道淤积严重，环境容量小污染加重，水生态环境脆弱，农业面源污染问题突出，河流管理体系不建全等问题，使得小河流的治理越来越显得迫切。

党的十八大、十九大对生态文明建设做出了顶层设计和总体部署，把生态文明建设作为一项重要政治任务。河流生态治理是水生态文明建设的重要体现，是人类文明发展到“生态文明”时代的趋势，维持中小河流健康生态关乎河流永续利用，关乎中华民族长远发展。小河流的治理是事关农村和农业用水安全、广大农民安居乐业、农村经济和社会健康可持续发展的大事。随着国民经济的持续发展，我国已进入中小河流治理工程、山洪沟岔工程、城市防洪工程等河流治理工程建设的高峰期和“海绵城市”建设的发展期。传统的混凝土挡墙为混凝土预制块或浆砌块石等刚性材料建造。由于刚性材料结构无空隙，表面无绿色植物，与环境极不协调，造成岸坡绿地面积的减少，同时截断了土壤与河流的生态联系，给生态环境带来负面作用。传统的挡墙、护坡结构型式已不适应当前的生态河流理念，也远远不能满足人们的需要，迫切需要改进和创新。当前我国的生态河流治理思路和方法大多是在城市河流或大中型河流有较为成熟的应用，然而针对小河流治理的生态治理理念和模式研究较少。生态护岸是小河流治理的关键环节，本书在前人研究和对江西省小河流现状调研的基础上，从小河流本身的自然规律出发，以生态为导向，本着保持河流水体与河岸的连续性、保持河岸植物群落多样性、增进河流生态系统功能完善化、保持河岸带功能延伸化的原则，延续河流的健康生命。从生态治理理念出发，采用理论分析与试验模拟相结合的研究方法，从河流生态护岸技术与方法角度构建适合小河流的生态护岸治理新模式和新技术，为综合解决目前小河流存在一些问题提供有效手段，也为今后小河流治理奠定理论基础，为我国小河流治理的规划设计和建设提供理论与技术参考。

小河流的生态护岸治理新模式应该改变目前中小河流采用浆砌、干砌块石护岸、现浇混凝土、预制混凝土等硬质化的设计，按照生态和安全两方面兼顾的原则，选择护岸的结构及防护材料，恢复地表径流与地下水的联系，强化河流自净能力，改善水环境质量，营造适宜生物栖息的环境，形成生物多样的健康河流。本书将小河流的生态护岸治理分为纯自然型生态护岸模式、近自然型生态护岸模式和复合生态型护岸模式。常用的纯自然护岸型式有植物护岸、乱石滩护岸等；近自然型生态护岸型式有石笼护岸、植物多孔混凝土护岸、三维土工网垫护岸、生态袋护岸和土工织物护岸等护岸型式；或综合以上两种模式从结构上采用多样化的复合断面型式，从选材上人工材料和天然材料并重的护岸模式。对于小河流的治理模式，在满足防洪要求的同时，科学合理地分析河道护岸的结构型式，因地制宜合理选材，给生态留有空间，在小河流治理中实现“水安全，水生态，水景观，水文化”多目标结合的治理模式。

本书内容主要是作者在河流生态治理和生态材料等领域的研究成果总结。全书共分为7章，第1章为绪论，介绍了河流生态系统，小河流的定义和特征，生态护岸的概念、结构、功能和技术手段以及发展趋势；第2章为小河流生态护岸的总体规划，主要阐述生态护岸规划设计的总体理念与思路，对总体布置进行较为详细的说明；第3章介绍了生态混凝土的概念及其护岸的作用机理，在自主研发与试验基础上详细介绍了植草混凝土和反滤混凝土的制备、性能及其施工工艺；第4～6章分别介绍了三维土工网垫和土工格室技术的作用机理，试验分析其护岸保土抗冲刷性能和施工工艺，介绍了活木桩、植物等生物工程的护岸技术；第7章以项目为依托，综合开展了适于小河流的纯自然型、近自然型和复合生态型护岸模式的设计，将研究成果应用示范在江西省黎川县樟溪水河流生态治理工程中，分析了多种护岸技术的效果，并对其进行安全、生态、经济效益评价。

本书的研究过程中得到了水利部公益基金项目“农村小河流综合治理关键技术研究与示范”（201201016）和南昌工程学院科研成果专项经费的资助，获得了国家自然科学基金“基于高光谱的河岸植草混凝土细观结构与草本根系生长机制研究”（51869012）、江西省科技厅重点研发项目“适于小河流的植生型多孔混凝土研制及性能研究”（20161BBG70052）等科研课题的支持。在此感谢彭友文教授、胡盛明老师、吴帅兵老师等团队成员的支持和帮助，同时对本书参考文献的作者也一并致谢！再次向所有帮助我的人表示最诚挚的感谢！

由于作者的水平和知识领域有限，本书的研究内容难免有局限性和不足之处，敬请各位同行专家及各界读者给予批评指正！

江辉

2019年6月

目　录

第1章 绪 论

1.1 河流

河流是自然地理环境重要的组成部分，对人类的生活和生产有着非常重要的意义。降水、冰雪融水或地下水涌出地表，在重力作用下经常地或周期性地沿着水本身塑造的线形洼地流动，这就是河流，依其水量的大小可分为江、河、溪和沟等。一般河流可分成河源、上游、中游、下游及河口五段。河源即河流的发源地或起始点，是河流最初具有地表流水形态的地方。上游连着河源，是河流的上段。其特点为河谷窄，呈“V”形，比降陡、流量小、流速大、冲刷占优势，河槽多为基岩或砾石，多急滩、瀑布，水位变幅大。中游指介于上游与下游的河段。其特点为河谷较宽，呈“U”形，河床多为粗砂，比降和流速减小，下切侵蚀减弱而侧蚀显著，流量较大，水位变幅较小。下游是介于中游与河口的河段，位于河流的最下一段。其特点河谷宽广，呈“︶”形，河床多为细砂或淤泥比降很小，流速也很小，水流无侵蚀力，淤积显著，多浅滩沙洲和汊河湾道，流量大，水位变幅较小。河口为河流的终点，即为河流与接受水体的结合地段。在河流的入海、入湖处，因水流分散、流速骤然减小，常有大量泥沙淤积，形成三角洲。2013年3月，据中华人民共和国水利部和中华人民共和国国家统计局（2013）发布的《第一次全国水利普查公报》可知我国河流基本情况为流域面积50km^{2}及以上河流有45203条，总长度为150.85万km；流域面积100km^{2}及以上河流有22909条，总长度为111.46万km；流域面积1000km^{2}及以上河流有228条，总长度为13.25万km。

1.2 河流与生态功能

河流是自然生态体系的一部分，但河流以及它周围的环境也构成了一个相对独立的生态系统。河流生态系统属于流水生态系统的一种，是陆地和海洋联系的纽带，是一种重要的自然生态系统，也是重要的生态廊道之一，是陆地生态系统和水生生态系统间物质循环、能量流动和信息交流的主要通道，形成结构、功能相对统一的流水生态单元，在生物圈的物质循环中起着主要作用（Palmer，2005；Fisher et al.，2015）。河流包括河源与河源至大海之间的河道与河岸地区、河道与河岸和洪泛区中有关的地下水和湿地、河口及其依赖于淡水流入的近岸环境（麦卡内 等，2002）。它是由陆地河岸生态系统、水生生态系统、相关湿地及沼泽生态系统等在内的一系列子系统组合而成的复合系统，具有栖息地功能、过滤作用、屏蔽作用、通道作用、源汇功能等。

河流生态系统内河流生物群落和河流环境相互作用，形成鲜明的组成特征和独特的结构特征。河流中水的持续流动性，是河流生态系统有别于其他生态系统的重要特征之一。河流生态系统中的水文、生物、地形、水质和连通性等各部分之间发生着复杂的相互作用，其中，水文是主动的、起决定性作用。在河道中流动的水和河川基底以及河岸发生作用，形成了各种各样的河床地貌和河流形态，构成河流的蜿蜒性、异质性和形态的多样性，使得河流形成主流、支流、河湾、沼泽、急流和深潭浅滩等丰富多样的生境。河流形态的多样性构成水生生物赖以生存的空间，是水生生物及水生生物群落多样性的基础，是生物生存的最基本的条件（董哲仁，2003）。

1.2.1　河流生态系统的组成和功能

河流生态系统是一个复杂、开放、动态、非平衡和非线性的系统，由生物和非生物环境两大部分组成。非生物环境由能源、气候、基质和介质、物质代谢原料等因素组成。它包括河床、河漫滩、阶地、河岸、空气、流速、营养物质、水质、水深、水文等非生物环境条件。生物部分则由生产者、消费者和分解者所组成，包括鱼、虾、龟、蛙、蚌等水生动物、各种水生植物和各种微生物等。生态系统功能包括在外界环境驱动下的物种流动、物质循环、能量流动和信息流动，生物群落对于各种非生命因子的适应性和自我调节以及生物生产等。河流系统的功能，一是作为生物栖息地；二是作为物质流、能量流、信息流的输移通道；三是具有屏障和过滤功能。这三个功能与河流的地貌特征和景观格局密切相关。

1.2.2　河流生态系统的结构特征

河流生态系统的结构是指系统内各组成因素在时空连续及空间上的排列组合方式、相互作用形式以及相互联系规则，是生态系统构成要素的组织形式和秩序。生态系统结构包括营养结构、空间与时间结构、层级结构、系统的整体性等。一个完整的河流生态系统是动态的、开放的、连续的系统，从河流源头延伸到河口，包括河岸带、河道和河岸相关的地下水、洪泛区、湿地、河口、通河湖泊以及依靠淡水输入的近海环境等，它们组成流动的水网、水系或河系。这种连续不仅是指河流在地理空间上的连续，而更重要的是生物过程及非生物环境的连续，河流下游中的生态系统过程同河流上游直接相关。河流生态系统的结构包括纵向、横向、垂向以及时间等四个方面的特征。

1.2.2.1　纵向特征

从纵向上看，河流包括上游、中游、下游，从河源到河口均发生物理、化学和生物等方面的变化。河流生态系统具有以下四个基本特性：

（1）上游、中游、下游生境的异质性。自然河流与空气交流密切，特别是浅滩、瀑布和跌水曝气作用明显；自然河流的上游、中游、下游所流经地区的气象、水文、地貌和地质条件差异很大，从而形成不同主流、支流、河湾、沼泽、湿地以及河岸带，其流态、流速、流量、水质以及水文周期等呈现不同的变化，从而导致上中下游生境具有异质性（栾建国 等，2004）。

（2）河流纵向形态的蜿蜒性。在自然界长期的演变过程中，河流的河势也处于演变之中，使得弯曲与自然裁弯两种作用交替发生，而弯曲或微弯是河流的趋向形态，因此自然界的河流都是蜿蜒曲折的。蜿蜒性是自然河流的重要特征，使得河流形成深潭、瀑布、跌水、急流和浅滩等丰富多样的生境，由于河流中水体流动，与大气接触面积大，河流水体含有较丰富的氧气，为生物多样性的孕育提供了有利条件（董哲仁，2003）。

（3）河流横断面形状的多样性。自然河流的横断面形状多样复杂，表现为非规则断面，深潭与浅滩交错出现。浅滩是很多水生动物的主要栖息地和觅食的场所；深潭是鱼类的保护区和缓慢释放到河流中的有机物储存区。多样的河流形态决定了河流生物群落的多样性，这些典型特征是维持河流生物群落多样性的重要基础（栾建国 等，2004）。

（4）纵向异质性的不连续性。河流生态系统具纵向成带现象，但这种纵向成带现象并不一定是连续变化的，如物种的纵向替换并不是均匀的连续变化，特殊种群可以在整个河流中再出现。

1.2.2.2 横向特征

河流是一个流动的生态系统，河流与周围的陆地有着紧密的联系。大多数河流由河道、洪泛区、高地边缘过渡带组成，它们之间进行着复杂的物质、能量和信息的交流。河道是河流的主体，是汇集和接纳地表和地下径流的场所和连通内陆和大海的通道。洪泛区是河道两侧受洪水影响、周期性淹没的高度变化的区域，包括一些滩地、浅水湖泊和湿地。洪泛区可拦蓄洪水及流域内产生的泥沙，吸收并逐渐释放洪水，这种特性可使洪水滞后。洪泛区光照及土壤条件优越，可作为鸟类、两栖动物和昆虫的栖息地。同时湿地和河滩适于各种湿生植物和水生植物的生长。它们可降解径流中污染物的含量，截留或吸收径流中的有机物，可起过滤或屏障作用。河道及附属的浅水湖泊按区域可划分为沿岸带、敞水带和深水带，它们分布有沉水植物、挺水植物、漂浮植物、浮游植物、浮游动物及鱼类等不同类型的生物群落。高地边缘过渡带是洪泛区和周围景观的过渡带，常用来种植农作物或栽植树木，形成岸边植被带（栾建国 等，2004）。河岸的植物构成河岸植物带，起着调节水体温度和光线、防止侵蚀、输送营养等作用。

1.2.2.3 垂向特征

一条健康的自然河流，沿水流方向具有通畅的连续性，沿侧向具有良好的连通性，在垂向具有良好的透水性，成为物质流、能量流、信息流以及生物物种迁徙流动的保障。在垂直方向上，河流可分为表层、中层、底层和基底。在表层，由于河水流动，与大气接触面大，水气交换良好，特别在急流、跌水和瀑布河段，曝气作用更为明显，因而河水含有较丰富的氧气。在中层和下层，太阳光辐射作用随水深加大而减弱，水温变化迟缓，氧气含量下降，浮游生物随着水深的增加而逐渐减少。由于水的密度和温度存在特殊关系，在较深的深潭水体，存在热分层现象，甚至形成跃温层。由于光照、水温、浮游生物等因子随着水深而变化，导致生物群落产生分层现象。基底的结构、物质组成、稳定程度、含有的营养物质的性质和数量等，都直接影响着水生生物的分布。大部分河流的河床覆盖有冲积层，由卵石、砾石、砂土、黏土等材料构成的，具有透水性和多孔性，适于水生植物、湿生植物和微生物生存。不同粒径卵石的自然组合，又为鱼类产卵提供了场所。同时，透水的河床又是连接地表水和地下水的通道，使淡水系统形成整体（董哲仁，2003）。

1.2.2.4 时间分量特征

随着时间的推移和季节的变化，河流生态系统的结构特点及其功能也呈现出短期或长期的变化。如水文和地形的变化动态，常常伴随着诸如演替和恢复或重建现象的发生（Poudevigne et al.，2002）。由于水、光、热在时空中的不平均分布，河流的水量、水温、营养物质呈季节变化，水生生物活动及群落演替也相应呈现明显变化，从而影响着河流生态系统功能的发挥。河流是有生命的，河道形态演变是一项长期的过程，即使是人为介入干扰，其形态的改变也需很长时间才能显现出来（Takahashi et al.，2007）。然而，表征河流生命力的河流生态系统服务功能，例如生态支持、环境调节等，在人为的干扰下可能会在较短的时间内发生退化。

1.3 小河流的定义和特征

1.3.1 小河流的定义

小河流处于江河水系的支流或末梢河道，作为支流来水，它是江河水系的重要组成部分，同时也是大江大河的重要组成部分。传统的河道等级划分主要采用自然地理学分级和考虑主要影响因素两种方法。水利部《河道等级划分办法》（水管〔1994〕106号）指出，根据河道的自然规模及其对社会、经济发展影响的重要程度等因素，将河道划为5个等级，最小的河流流域面积为小于100km²；《中小河流治理工程初步设计指导意见》（水规计〔2011〕277号）中规定的最小流域面积为200km²；浙江省按照河道的自然属性、管理属性和功能属性对河道等级进行划分，分为省级、市级、县级和乡镇级等4个等级，其中县级河道流域面积为10～250km²，乡镇级流域面积小于10km²。还有按照保护面积来划分的，如大型河流保护的面积大于2万hm²，中型河流保护的面积为0.067万～2万hm²，小型河流保护的面积小于0.067万hm²。一般按照流域面积划分的方法比较简单，也便于实际中应用。结合相关研究，本书将流域面积为10～300km²的河流界定为小河流。

1.3.2 小河流的特征

相对于大中型河流，小河流具有河道窄、纵坡降大，河槽下切浅，集雨面积、流量小，数量多及分布面积广的特点。主要特征包括流动性、水文特征、形态多样性、资源性、水能特征、可调控性、人文性、有机整体性等。

（1）流动性。小河流首先必须具有水流流动的特征，能够顺利地把河水送入下游或者大海，使得大气、地表径流和大海之间形成完整的水循环；其次必须具有一定的流量，也就是维持河流健康的基本径流，低于这一流量，河溪则处于不健康状态。人们依水而居、疏川筑堤、趋利避害，形成了比较固定的河道和径川。

（2）水文特征。对于小河流，暴雨过程复杂，河流洪枯流量相差悬殊，来水主要集中在台风雨或大暴雨时期，径流年内分配不均。相对于大中河流，面降雨较为均匀，洪水涨得快、退得也快，往往是洪峰流量决定最高水位线。洪水期，河流水量较大，水流流速较快，冲刷力强。小河流迅速汇集坡面产生的降雨径流，充分发挥河网水系互联互通、互调互济作用，可以有效削减洪峰流量，对减轻大江大河的防洪压力起着举足轻重的作用，有效宣泄洪水的同时，也降低了雨水对地表的冲刷作用，减少了区域内的水土流失。在枯水期，小河流水量小、水流流速慢，因此与外域的交换也较慢，污染物扩散能力较弱，水体自净能力下降。污染物积累在河道中不易降解，是生态环境问题中最为严重的时间段。小河流在枯水期汇集源头与两岸的地下水，接受地下水补给，形成河流基流。

（3）形态多样性。小河流的河网复杂多样，水-陆两相和水-气两相联系紧密，形成较为开放的生境条件；上、中、下游生境异质性强，造就了较为丰富的流域生境多样化条件；河流纵向蜿蜒性与横断面形状多样性，使得河流形成了急流与缓流相间、深潭与浅滩交错；河床材料的透水性和多孔性为生物了栖息所，形成了丰富的河流生物群落多样性。

（4）资源性。小河流中的水流、泥沙和边界都具有资源特征，可以为人类和动植物所应用。小河流的水常用于人们生产和生活用水、农业灌溉等，泥沙可作为建筑材料、造地等。

（5）水能特征。水流从高处到低处的运动过程中，蕴藏着巨大的机械能，可以利用这种天然的水能资源进行发电。其特点是运行成本低、利润高、水电开发率低、污染少。

（6）可调控性。水流是一种流体，随着边界条件的变化而变化，水流具有改造河流边界的作用，发生冲刷和淤积。反过来，在河流上修建工程，进行开发水资源和防止水沙灾害，以达到改造河流和整治河流的目的。

（7）人文性。由于水流是人类赖以生存的资源条件，河道能满足人类的居住要求，因此在河流附近留下了人类活动的痕迹，传承人类的文化，河流记载了人类创造文明历史和灿烂文化的过程。

（8）有机整体性。河流系统中的水流、悬浮物和边界条件是一个有机的统一体，其间相互联系和相互作用，通过水流对河流边界的作用和泥沙与边界组成的相互交换，河溪系统不断演变，如河床冲刷淤积、河势变化等。

1.4 生态护岸的概念、结构和功能

1.4.1 生态护岸的概念

河岸是生态系统的重要组成部分，它广义上是指陆地和河流的交界处两边，直到河水影响消失的地带，包括河道边的植物群被和土壤等。河岸是水陆交错带，是陆域生态系统和水域生态系统的过渡地带，是一个完整的生态系统。它不仅包括植物还包括动物及微生物，整个河岸系统的内部和与之相邻系统间发生着能量和物质转换，且有很强的动态性能。河岸既有环境资源利用价值，又有生态功能的地带，维系和保护着物种多样性及种群密度和生物生产率。健康的河岸带生态系统具有调节径流、涵养水源、调节微气候、治理水土污染、提供水陆生物栖息和繁衍场所等生态服务功能（Forman，1997；Foster et al.，2020），其系统的稳定性直接依赖于系统结构的复杂度以及系统内物种的多样性（Gray et al.，1996）。然而作为处于水陆交界处的生态脆弱带，河岸带生态系统极易受到自然力以及人为活动的干扰，且自然恢复过程漫长（罗利民 等，2004）。而护岸工程作为贯穿于河流整个区段的人造水利设施，其构造对整个河岸带生物多样性的维持以及生态功能的发挥有着重要的影响。

生态护岸是指遵循河流自然规律，在满足传统护岸防洪要求的基础上，能保持河与岸的连通，兼具治洪补枯、生态功能、自净功能和景观功能为一体的护岸工程措施。生态护岸工程是河道生态系统维护中重要的组成部分（Yamamoto et al.，2005），它利用绿色植物或者绿色植物与土木工程施工相结合，对河道坡面进行防护及处理，既能防止河岸侵蚀、滑动和坍塌，还能使河水与土壤之间相互影响、相互渗透，大大增强河道自身净化能力，改善水质，同时具有一定自然景观效果。生态护岸是护岸工程建设的一大跨越，是治河工程学科发展到相对高级阶段的产物，是满足人与自然和谐相处的需要，它将成为未来护岸工程建设的重要途径和主要趋势。

1.4.2　生态护岸的构型

生态护岸主要利用植物、类植物等物料与工程措施相结合的手段，它既能有效减小水流和波浪对岸坡基土的冲蚀和淘刷，又能美化景观，实现防洪和保护生态环境的双重目的护岸技术。生态护岸型式多种多样，护岸型式往往由河岸的实际情况决定。根据材料分类，国内外常见的生态护岸型式有生态格网型护岸、生态混凝土护岸、三维植物网垫护岸、土工织物草皮护岸、生态袋防护护岸、乱石缓坡护岸、堆石护岸、土桩护岸、植物护岸以及其他新型材料护岸等。土木结构型式的设计要根据河岸的现场环境、岸坡型式等因素因地选择与现场相适应的型式，根据结构型式分为坡式、墙式、坝式，复合式等结构型式。

1.4.3　生态护岸的功能

生态护岸与传统护岸功能不同，它不仅具有防洪功能，还兼顾了滞洪补枯、生态、自净、景观和水文化等功能，它实现了人们对河流治理从工程水利到资源水利再到生态水利的理念和技术上的转变和进步。

1. 防洪功能

生态护岸作为一种新型的护岸，它首先必须满足防洪、保护岸基的基本功能。即从结构上稳定，符合国家相关标准，强度上达到当地对防洪设计标准的相关要求。另一方面，生态护岸中固土植物及其根系可以很好地保持水土，使河流岸基的防洪与抗冲性能大大加强。

2. 滞洪补枯功能

生态护岸采用的自然或近自然材料，能形成一种“可渗透性”的界面。当洪水来临时，洪水通过坡面植被向河流岸基中大量渗透储存，可缓解洪峰，起到延滞径流的作用；当枯水季节到来时，储存在河流岸基中的水反渗入河，起着滞洪补枯、调节水位的作用。岸坡植被也有涵养水分的作用，同时植被可以调节地表和地下的水文状况。

3. 生态功能

生态护岸把滨水区的植被与岸坡的植被连成一体，构成一个完整的河流生态系统，是水陆之间的过渡区域。生态护岸改变了原来河流的“三面光”河床特征，坡面的植被可以减缓河水的流速，可以实现小河流的滞洪功能，同时为一些水生动物提供觅食、栖息场所，对保持生物多样性起到一定的作用。因此，植被覆盖充分的护岸是河岸带生物多样性的保障。另外，生态护岸工程采用的主要是自然或近自然材料，因而避免了建筑材料中的大量化学添加剂对水环境的危害。生态护岸可增强岸边动植物栖息地的连续性，营造出丰富的生态环境条件，形成稳定的生态系统。

4. 自净功能

生态护岸可以增强水体的自净功能，改善河流水质。护岸的水生植物能够吸收污水中的氮磷等物质，降低河道富营养化水平。有机物被分解为无机物，氮、磷等无机物作为营养盐类被浮游植物吸收利用，浮游植物又被水中的浮游动物、鱼、虾等所食，而细菌、真菌又被原生动物吞食，这种水体的自净作用，以食物链的方式降低污染物的浓度。生态护岸上的水生植物，能从水中吸取无机盐营养物，其庞大的根系还是大量微生物吸附的介质，有利于水质净化，可减少岸坡上的营养物质流入河流；有些生态材料具有透水反滤作用，也能达到水质净化的目的。生态护岸营造出的浅滩、放置的石块、修建的丁坝、鱼道形成水的紊流，有利于增加水体的溶解氧含量，可促进好氧生物的生长，改善水质，使河水更加清澈。

5. 景观功能

生态护岸不仅可以与周围环境构成相协调的河道景观，也可以通过保护和建立丰富的生态系统形成河水清澈、鱼虾洄游、水草茂盛的自然生态景观。近些年来，国外大量采用生态护岸技术，改变了过去那种裁弯取直的河道型式，岸线蜿蜒柔顺，断面形态呈多样性，营造出丰富多样的空间，顺应现代人尊重自然、保护自然、回归自然的需求。此外，因地制宜地设置一些亲水设施，可以让人与水的关系通过护岸这一载体的灵活变化而实现人与自然的和谐发展。

6. 水文化功能

水是生命之源，水文化反映着人类对水的认知程度，其内涵是人与自然相处的哲学，最终实现人与自然、人与水的和谐相处，保持生物多样性以及稳定的可持续发展。人水和谐是水文化的核心，而生态护岸的出现与发展正是源于人类对人水关系的新认知和新需求。生态护岸使得现代技术治水、绿色用水、科学管水和文化护水相统一，满足人们知水、爱水、亲水、乐水的需求，进一步促进水文化的发展。

1.5 小河流生态护岸技术

国内外经过多年的不断探索，已建立了多种不同的生态型护岸类型，形成了河流的生态护岸模式。根据护岸的结构及防护材料特征，以及生态和安全兼顾的原则，将小河流的生态护岸模式分为纯自然型生态护岸、近自然型生态护岸和复合生态型护岸（江辉 等，2014），见表1.1。

1.5.1 纯自然型生态护岸模式

纯自然型生态护岸模式是指护岸型式采用自然土质斜坡结构，单纯以天然材料和植物来维护河岸的稳定。常水位以下采用石料、木材、竹材等天然材料稳固基脚，采用种植柳树、水杉草等具有喜水特性的植被，利用它们发达的根系稳固土壤颗粒保护河岸，防止水

表1.1　　生态护岸模式及其适用范围

项　目	纯自然型生态护岸	近自然型生态护岸	复合生态型护岸
适用范围	适用于短期降雨量小、水位落差小、流速流量小的河段，一般要求坡度在土壤安息角内	适用水位落差较小、流速不大、坡度自然（可适当大于土壤自然安息角）的河段	一般适用高差≥4m，坡度≤70°的河段和漫滩
适用条件	属于低强度型护岸，适用于短期降雨量少、流速流量小、水位落差小和冲刷力弱的河段，一般设置在河岸凸岸或直线型河段	属于中低等强度型护岸，适用于中等、低等冲刷程度的河岸，可设置在河岸凹岸和冲刷河段	具有较高的抗冲刷和固坡性能，适用于河床较为复杂，水位变幅较大、冲刷强度较大、岸坡相对较陡的河道以及较宽河床，适用性较广泛
护岸材料	采用天然材料和植物，常水位以下可用石料、木材、竹材等天然材料稳固基脚，常水位以上可用喜水性植被	以自然材料为主，人工材料为辅，多采用植物以及树桩、树枝、插条等，还可利用石笼、植生混凝土、生态袋和土工织物等	人工材料和天然材料并重，有植物材料、格笼（木材、石材、金属、混凝土）、金属网笼等
生态效应	无任何污染，对生态系统干扰最小，岸栖生物丰富，生态功能健全稳定	取材自然，对生态系统干扰较小，岸栖生物丰富，具有较好的生态功能	具有岸栖生物的生长环境，尤其在漫滩地带，丰富了生物多样性，保持一定的水陆生态结构和生态边缘效应
亲水效应	高度保留河岸的自然形态，适宜多种生物游憩活动，亲水性好	保持一定的河岸自然特性，与周围环境相融合，近自然程度高，亲水性好	偏重于结构安全，兼顾景观绿化和生态环保，取水用水方便，有一定的亲水效应
工程造价	投资少，工程量小，技术简单，维护成本低，维护费用低	有一定工程量，投资增加，但施工方便，周期短	有一定工程量，投资较大，施工难度加大，但防护效果好

土流失和绿化坡岸，增强其抵抗洪水、保护河堤的能力，以达到生态和防洪的双重功能。小河流坡度缓或腹地大，防洪需求较底河段多，在很多河段适合采用此模式。设计中采用坡式护岸，护岸基本顺应原地形，常用的护岸型式有：植物护岸，木桩、树桩、竹笼、柴笼、树根捆扎技术护岸，乱石滩护岸等。

1. 植物护岸

植物护岸是利用植被根系力学效应和水力学效应来涵水固土的原理稳定堤坡、美化环境、修复生态的一种技术。植物的护岸功能主要通过深根的锚固作用、浅根的加筋作用、降低坡面土体孔隙水压力及削弱溅蚀等方式得以实现。岸坡采用草类植物覆盖率高，价格低廉，是常用的护岸方式。坡面处理及土地条件接近自然，从生态环境功能考虑，是较好的方式，但其护岸效果与植物生长状况密切相关，草类植物栽种初期或植被覆盖率较小，易被雨水冲刷保土性能差，影响护岸及景观效果。对于常水位以下、行洪速度大于3m/s的土质堤防迎水坡面防洪重点地段及坡度小于2的情况下通常不宜采用。岸坡采用木本植物和草类植物结合的护岸型式，可以同时增强岸坡的整体和局部稳定。目前通常采用白三叶、紫花苜蓿、高羊茅、芦苇、菖蒲、狗牙根、假俭草、鸢尾等草本植物。植被选定在此种模式中是关键，在木本植物和草种的选定过程中，要以耐淹耐旱能力强、固土作用明显、适合于本土生长的草类植物为原则择优选取。

2. 木桩、树根捆扎等技术护岸

根据当地材料丰富程度，可以选择树桩、竹柴笼以及柳属、杨、山茱萸属等木本植物材料用于护岸中，既能起到护岸作用，又能对生态环境的协调性起到重要作用。

（1）树桩护岸。将活的、易生根的树木切枝直接插入土壤中，利用根系固着土壤，枝叶削减流水能量，适合于水岸交错带和堤岸带。

（2）竹、柴笼护岸。将活体切枝系成圆柱状的柴捆，顺等高线方向置于岸坡上的浅渠内，适合于堤岸带。

（3）树枝压条护岸。将活体切枝以交叉或交叠的方式插入土层中，适合于水岸交错带和堤岸带。

（4）枝条捆包护岸。将树枝压条、木桩和压紧的回填土结合使用，适合于水岸交错带和堤岸带。

3. 乱石滩护岸

乱石滩护岸主要由150～350mm直径的级配块石组成，可以防止河水的冲刷，具有较好透水性能。随着长时间泥沙的沉积形成土壤环境，为植被生长和生物栖息提供良好环境，同时能够与景观和周边环境相协调。该种护岸主要适用河道较宽的河漫滩部位。

1.5.2 近自然型生态护岸模式

近自然型生态护岸型式以自然材料为主，人工材料为辅的选材方式，利用一定的工程措施，使护岸既有一定的防洪能力，又有为植被生长提供适宜的基质，最终形成接近自然的护岸模式。石笼护岸、植草混凝土护岸、三维土工网垫护岸、生态袋护岸等护岸型式将在小河流的治理中起主导作用。

1. 石笼护岸

石笼是全透水性结构，可以使水和土体进行自然交换，增强水体自净能力，从而达到一个生态效果。石笼护岸由石笼和砂石、土壤相互掺和，为动植物提供了生息空间，植被可以在坡面上自然生长，或人工喷播植物种子。因此石笼护岸能够有效地增加透水性，并起到滞洪补枯的作用，施工简单、易行。有较强的抗冲刷能力，河岸基础和坡面均可使用，适用于水流冲刷的情况。

2. 植草混凝土护岸

结合小河流流速小的特点，可以推行植草混凝土应用于河道护岸中。植草混凝土主要由多孔混凝土、含土壤、保水剂和缓释肥等物质的适生材料及表层土组成，其中多孔混凝土由粗骨料、低碱水泥、适量的细料拌制而成，是植被混凝土的骨架。植草混凝土应用在河道护岸时，可使安全护砌与景观美化有机结合起来，再营造由水、草共同构成的水环境；还可降低护砌材料表面温度及增加护砌材料表面透水、透气性，提高湿热交换能力，生态环境功能显著。植草混凝土护岸技术的重点在于混凝土植生性能的研制及其结构型式的科学设计，这将是目前植草混凝土护岸能否推行的关键所在。该护岸型式不受水位的限制，可以适用于承受较小的水流冲刷的河段。

3. 三维土工网垫护岸

三维土工网垫护岸技术是在普通植物护岸易遭受强降雨和水流冲刷引起边坡失稳和滑塌的基础上发展起来的。其结构包括基础层和网包层。基础层是一种经拉伸后的平面网，以稳定网垫的尺寸和形状，并形成底平网；网包层是一种经热变形后呈有规律波浪的凹凸网。基础层和网包层网格间的经纬线交错排布黏结，形成立体拱形隆起的三维结构，质地疏松、柔韧，使网具有合适的高度和空间，可充填泥土。三维土工网垫具有固土性能优良、消能作用明显、护砌强度较高等特点。三维土工网垫护岸边坡的植被覆盖情况是关键，一般植被覆盖率在40%以上时能承受小雨的冲刷，覆盖率在80%以上时能承受暴雨的冲刷。三维土工网垫护岸适用于设计洪水位以上、边坡一般缓于1∶2.0的情况。

4. 生态袋护岸

生态袋是一种特殊生态材料制成的袋子，具有良好的透水性和强度，辅以种植土，生态袋护岸有效地解决了植物护岸的结构稳定性。护岸植被绿化技术可因地制宜选用不同的植物对农村已建的挡土墙进行绿化。植物选择包括土生植物、草、灌丛、花卉、藤蔓等。植被绿化可用水喷、刷层、移栽，或种子和土混装入袋。随时间的延续，植被根系的发达，结构的稳定性和牢固性会进一步加强。生态袋护岸具有柔和性结构，抗冲刷能力相对石笼护岸较弱，适用于设计洪水位以上、边坡因条件限制较陡的情况。

1.5.3 复合生态型护岸模式

复合生态型护岸模式是指综合以上两种模式从结构上采用多样化的复合断面型式，从选材上人工材料和天然材料并重的护岸模式。该模式主要适用于河床较为复杂，水位变幅较大的河道，建立多功能复合的生态型护岸新模式，改变中小流治理对单一形式为主的治理模式。结合小河流的自身特点，可以采用先河床护岸而后高地防洪的型式，尽量节约建设成本，同时为河漫滩留有空间。漫滩作为河道的重要部分，是河床中的湿地，应该与生态护岸型式相统一，成为增强行洪能力和净化水质两不误的重要角色。流经村庄附近的河段可采用路堤结合的护岸型式，既满足农村交通要求，又能起到堤岸防洪作用。在近自然型生态护岸的基础上采用钢筋混凝土等材料加强抗冲刷能力的一种护岸型式，具有更强的抗水流冲刷能力，同时也具备其他生态护岸类型所具有的生态效应、景观效应和自净效应，是目前使用较为广泛的生态护岸型式。

虽然生态护岸对整个生态环境的恢复有着重要作用，但在使用上仍存在较多的局限性。对于自然条件恶劣、河势变化剧烈河段的水下岸坡，其应用受到一定的限制，因此如何因地制宜地建设既能确保安全又能兼顾一定生态效应的护岸，是要着重考虑的问题。在选用设计方案之前应对工程区的气候、水文条件、河势规律、岸坡土体的理化性质等情况进行调查，以确定适合的一种或几种组合型护岸型式。比如在水流湍急、河势变化剧烈的河段，水下岸坡采用硬质化护岸措施，水上部位则采用生态型护岸，弯道顶冲部位宜采用硬质护岸，顺直河段则采用生态型护岸。

1.6 生态护岸技术的发展

1.6.1 历史沿革

几千年来人类为了自身的安全与发展，对河流进行了大量的人工改造。特别是近100多年来随着现代工程技术手段的发展，人们对河流进行了大规模开发利用，兴建了大量水利工程设施。众所周知，兴建水利工程设施满足了人们对于供水、防洪、灌溉、发电、航运、渔业及旅游等需求，水利工程对于经济发展、社会进步起到了巨大的推动作用，为人类带来巨大社会利益和经济利益。然而这些水利工程设施也大大改变了河流自然演化的方向，明显地改变着地形地貌，影响着河道水流变化和局部气候，特别是在不同程度上降低了河流形态多样性，降低了河流生态系统的服务功能，导致水域生物群落多样性的降低，致使生态系统的健康和稳定性都受到不同程度的负面影响。

在河流治理方面，水利界普遍认为，传统的河岸治理工程导致河流自我净化能力降低，水质污染严重。在国外，对环境、生态退化问题的认识较早，很早就开始研究传统护岸技术对环境与生态的影响，认为传统的混凝土护岸会引起生态与环境的退化。为了能有效地保护河道岸坡以及生态环境，许多国家纷纷提出了一些生态型护岸技术。20 世纪 50 年代德国正式创立了“近自然河道治理工程”，提出河岸的整治要符合植物化和生命化的原理。阿尔卑斯山区国家，诸如德国、瑞士、奥地利等国，在河川治理方面积累了丰富的经验（Scheurer et al.，2009；Audisio et al.，2009）。这些国家制定的河川治理方案，注重发挥河流生态系统的整体功能；注重河流在三维空间的分布、动物迁徙和生态过程中相互制约和相互影响的作用；注重河流作为生态景观和基因库的作用。瑞士、德国等于 20 世纪 80 年代末提出了“自然型护岸”技术，认识到河流治理不但要符合工程设计原理还要符合生态学原理，不能把河流系统从自然生态系统中割裂开来，并于 2000 年 12 月制定了《欧盟水框架指令》（Kallis et al.，2001；Vlachopoulou et al.，2014）。日本在 20 世纪 80 年代末认识到“亲水”的重要性，90 年代末开展了“创造多自然型河川计划”，提出“多自然型河道建设”技术，并在生态型护岸结构方面做了大量研究；1991 年开始推行重视创造变化水边环境的河道施工方法，即“多自然型河道建设”（伊藤学，2009；吉川勝秀，2010）。通过对河道进行“多自然型护堤法”改造，覆盖土壤、种植植被等，有效地促进了地下水的渗透和水的良性循环，提高了水边环境的自然净化功能，形成了良好的河流景观与滨水环境。

20 世纪 90 年代后期，由于全球生态环境恶化加剧，保护生态环境的呼声日益强烈，同时受欧美等一些发达国家的影响，我国开始重视在河岸治理中保护河流生态系统，着手研究在工程建设中应用生态修复技术实现河道生态系统的保护。生态护岸是以河流生态系统为中心，集防洪效应、生态效应、景观效应和自净效应于一体，以河流动力学为手段而修建的新型水利工程（陈明曦 等，2007）。全国各地建设了一批生态河堤试验工程。如广西壮族自治区桂林市漓江生态河道建设工程提出了石笼挡墙、网垫护坡、复合植被护坡等生态型护岸技术（胡海泓，1999）；周跃（1999）提出了“坡面生物工程”技术，阐述了土壤植被系统及其坡面生态工程意义；引滦入唐工程中，网格反滤生物组合护坡技术（陈海波，2001）；开始矗立了“以人为本，宜宽则宽，宜弯则弯，人水相亲，和谐自然”的治水理念（王又华，2002）。近年来结合生态文明建设，河流水生态文明建设工程得到快速发展。浙江从治理金华浦江县浦阳江开始开展了“五水共治”，为河道生态修复以及河流重新回归城市生活的设计理念提供了宝贵的实际经验（崔守臣，2017）。郑庆国（2017）通过福建省麻阳溪安全生态水系建设为工程案例，分析了乡村河流现有生态环境存在的问题，并提出相关设计方法，实现河流生态建设。金锋淑等（2017）结合“绿色发展”理念，通过对辽宁“大浑太”生态流域城市连绵区建设进行研究，提出生态环境与城镇经济统筹发展的策略，为城市可持续发展提供新的思路。孙彦芳（2018）针对北方地区中小河流生态遭受破坏的问题，对太谷县 11 条河流进行河道治理和生态修复，促进了当地生态河流建设的发展。高佳欣（2019）通过重设河道斜堤、水生植物吸附剂生态群落等方法得出城市河流生态治理方案，认为加入水生态文明城市建设思想在在河流生态治理中，能够有效提高河流生态系统运行能力。

生态河岸技术是融现代水利工程学、生物科学、环境学、美学等学科于一体的水利工程，主要是利用植物或者植物与土木工程相结合的一种新型护岸型式，有助于河流水质的改善。以往人们往往在河道护岸过程中只考虑护岸工程的安全性及耐久性，故多采用干砌石、浆砌石、混凝土、预制块等材料修筑硬质护岸，隔断了水生生态系统和陆地生态系统之间的联系，导致河流失去原本完整的结构和作为生态廊道的功能，进而影响到整个生态系统的稳定，不利于生态环境的保护和水土保持，在外观上较为单调生硬，多数情况下与周边的景观不协调，与目前注重保护生态环境的发展趋势相违背。因此，做好河道的生态护岸工作对实现碧水蓝天、绿树夹岸、鱼虾洄游的河道生态景观具有十分重要的意义。从河岸治理的历史进程来看，随着人们生态系统保护意识的增强以及人与自然和谐发展概念的提出，生态河岸技术已经得到越来越广泛的运用。生态河岸在保持河岸稳定、防止岸坡侵蚀的同时，还起到了美化环境，维持水体与河岸之间的物质能量交换，进而净化水质的作用，保护了生态系统的完整性，体现了人与自然的和谐发展，生态河岸技术已然成为一种趋势。以下介绍作者重点研究的几种生态护岸技术发展趋势。

1.6.2 生态混凝土技术的发展趋势

1.6.2.1 植草混凝土

植草混凝土是以无砂或少砂的多孔混凝土为骨架，在其孔隙内填充适生材料，使植物能在其中生长的新型生态混凝土。早在 1852 年，英国提出了无砂混凝土，并应用在房屋建设工程中。此后，欧美一些国家开始对多孔混凝土进行研究，主要集中在其透水性和透气性上，也制定出一些相应的规范。1987 年，日本学者申请了多孔混凝土专利，1993 年日本大成建设技术研究所研发了植生型混凝土日本秩父小野田和前田制管共同进行了混凝土的植生试验和相关研究，取得了一定的成果（玉井元治 等，1996）。1994 年日本研究者将植生型混凝土应用到河道工程中，并进行了植生试验，试验的成功证明了多孔混凝土可以用作植生的基层，并能够很好地应用到河道工程当中，且发展前景良好。基于该试验的成功，1995 年日本混凝土工协会提出了“生态混凝土”的概念，并专门成立了“生态混凝土研究会”，专门研究开发生态混凝土。为了更好地推广植草混凝土，日本“先端技术中心”于 2001 年 4 月提出“多孔植被混凝土河川护岸工法”，该工法指导着植被混凝土在河流治理工程中的应用。韩国研发了花盆状孔洞绿化混凝土和随机多孔型绿化混凝土，用于河道护岸建设取得了良好的效果（Kim et al.，2016）。欧美国家虽然在多孔透水混凝土方面的研究起步早，应用广泛，但在植草混凝土方面比日、韩等国晚，其大多数工程应用均引进日、韩的先进技术（Martin et al.，2014；Joshaghani et al.，2015）。

我国对生态混凝土的研究应用方面虽然起步较晚，但是在相关领域的专家学者的不懈努力下，技术上也取得了一些关键性的进展。2005年，王蔚和刘海峰（2005）借鉴日本关于植草混凝土的配合比设计方法的思路，提出适合于本地实际情况的配合比设计方法，以此在国内展开了植草混凝土配合比研究。郑木莲等（2006）依据泰波公式及国外经验，在正交试验的基础上，提出了多孔混凝土配合比设计的经验公式法，张朝辉（2006）为了避免使用经验公式和经验曲线，确定了以孔隙率为主要设计参数，强度为次要设计参数的设计思路，经试验证明了该思路的可行性，并得到普遍参考。在植生方面，2014年，蒋昌波等针对多孔混凝土植生性能进行试验研究，得出了多孔混凝土的适生性不仅取决于孔隙率，同时也受粗骨料粒径以及水灰比的影响。田砾等（2016）通过对植草混凝土进行碳化处理后，选择狗牙根等6种草种进行植生试验，结果显示蓝兰景三号和狗牙根在植草混凝土上生长良好。为了改善混凝土内部碱环境以适应植物生长，赵佳等（2016）通过在植草混凝土中添加粉煤灰、矿渣、硅粉来降低其碱环境。徐菲菲等（2018）通过选择不同胶结材料制作植草混凝土测定其pH值，得出将水泥胶结材料pH值降至9.2的配合比。随着先进仪器的迅速发展，学者们将研究目标转向植草混凝土内部孔隙结构，巫广义（2018）通过植草混凝土透水性能正交试验，认为实测孔隙率与透水系数有较好相关性。王玉军（2016）通过对扫描电镜（SEM）图的分析，认为多孔混凝土存在较多负中心质效应，研究时应当把重点放在负中心质效应上。高辉、温延龙（2017）采用光学体视显微镜对观测面拍照，获取RGB图像后使用Image Pro Plus软件对混凝土截面进行孔结构分析，获取了孔隙率、孔径及其分布等孔结构参数。通过对两种不同孔结构特征的混凝土试样进行测试，测试范围为细观层面10～1600μm，证实了本方法测定孔结构的优越性。何光明（2018）通过在植草混凝土中添加吸水树脂球和陶粒，对植草混凝土孔结构进行改造和降碱，并证明该方法的可行性。随着技术的逐渐成形，植草混凝土越来越多的得到应用，2015年在南昌市赣东大堤风光带防洪工程中应用多孔生态混凝土护坡技术，工程采用了生态绿化混播的植物模式。张永超等（2017）通过文献分析和实际调研，对植草混凝土的应用和功能进行全面分析，认为植草混凝土可在海绵城市建设中大量推广应用。郭强（2018）将植草混凝土应用到水利工程中，并详细介绍了其主要施工技术和施工工艺。

1.6.2.2 反滤混凝土

反滤混凝土作为一种环境友好型建筑材料，有着很广泛的应用前景。反滤混凝土也称透水性多孔混凝土，因其结构具有多孔隙、透气性和透水性十分优良等特点，这就为水中植物、动物和微生物的栖息繁衍提供了很好的平台。反滤混凝土作为减轻环境负荷的建筑材料之一，对于它的研究和开发越来越受到了人们的关注。

早在20世纪七八十年代，美国、日本和欧洲等一些发达国家就开始了反滤混凝土的研究工作，并将其应用于广场、公园道路、人行道路等多个方面。在1979年，美国就在佛罗里达州的Sarasota基督教堂附近首次使用反滤混凝土修建具有透水性的停车场。日本混凝土工学协会在1994—1995年设立了“生态混凝土研究委员会”，以多孔混凝土为主要课题进行了为期两年的研究工作，并取得了大量的研究成果。在欧洲，用多孔混凝土来减轻环境负荷的技术也已经达到了实用化的阶段。目前，利用多孔混凝土特有的透水性功能，可供生物栖息的功能以及消声、隔音功能，欧洲和日本已用来构筑堤坝、河岸，铺设公路，建造人造海礁，制造能降低铁路、机械等噪声的吸音板等。

尽管国外在绿化混凝土方面已经取得了很多研究成果，但由于国外对知识产权的保护，我国在直接利用国外绿化混凝土方面还有很大的技术壁垒。因此，在我国开发具有自主知识产权、适合不同地区使用、价格较低的生态混凝土，是摆在我们面前迫切的任务。我国对于生态混凝土研究和应用方面虽然起步较晚，但在近几年也是取得了一定的研究进展。杨静、蒋国梁（2000）采用小粒径骨料，矿物细掺料和有机增强剂等方法，提高透水性多孔混凝土道路材料的强度，研制出了力学性能符合国家建材行业标准要求，同时具有良好透水性的混凝土道路材料。高建明等（2005）对植被型透水混凝土进行了研究，郑木莲等（2006）对透水混凝土的排水施工等进行了较多的研究。梁止水等（2016）在探究高性能生态混凝土配合比设计试验时，采用三变量三水平正交试验，试验结果表明混凝土的孔隙率、透水系数以及抗压强度均受其水灰比、骨料粒径和水泥用量三者综合影响，且透水系数与抗压强度之间成反比关系。掺合料的加入有利于提高混凝土的性能，王治山等（2018）研究了在掺入矿物掺合料硅灰和 NC—H 后可以明显提高混凝土强度。陈永锋等（2019）通过对混凝土中加入硅灰、玄武岩纤维及乳胶的试验，加入一定量乳胶粉的混凝土有较好的透水性能和强度。王海峰等（2019）通过将树脂砂基掺合料作为透水混凝土的面层材料，探究其复合结构的力学和透水性能，适用于运用到市政、绿化等类型项目建设中。随着环保意识的增强，近年来再生材料应用到了多孔混凝土，邱宙廷等（2018）利用废弃混凝土作为再生骨料，对不同粒径的再生骨料采用不同的配合比及添加剂进行性能试验，得到适用于实际施工的配合比，使建筑垃圾变废为宝，而且有利于海绵城市的建设。陈守开等（2019）探究了不同替代程度下再生骨料掺量对混凝土的强度及透水性能的影响，试验表明在替代率为 30%时，抗压强度可以提高 35.4%。蒋瑞斌（2019）针对路面面层透水混凝土性能进行了试验，并对路面面层混凝土施工工艺进行了补充。陈晋栋等（2019）通过对透水混凝土透水系数与孔隙结构的试验，提出了高透水性能的混凝土有效孔隙率的测试方法，并对其有效孔隙率进行了重新定义。大多研究从路面透水角度研究混凝土的强度和透水性能，然而针对反滤功能的多孔混凝土研究甚少。

普通混凝土由于其孔隙率小和密实性大等特点，导致其结构缺乏透气性和透水性，用其浇筑成硬质斜坡或地坪，既不能让生物在上面生长，又不能使雨水顺利地下渗，与现代人们的生态理念完全背离。所以，开发利用既有透水功能又有反滤保土效果的多孔混凝土，既可满足稳定、安全的要求，又能与周围自然生态环境融为一体，这对于生态平衡来说有着重大的意义。

1.6.3　土工合成材料护岸技术的发展趋势

土工合成材料是建筑工程中以高分子聚合物为原料制成的各种人工合成材料的总称。它包括各种塑料、合成纤维、合成橡胶制成的土工织物、土工膜、土工塑料板、土工网、土工格栅、土工垫、土工绳索制品以及由两种以上的土工合成材料或与其他有关材料复合（或组合）而成的复合型土工材料。土工合成材料应用到河流护岸工程中，主要有反滤、排水、隔离、防渗、防护和加筋等六大功能，对于提高工程的抗洪强度起到了重要作用。当前用于河流护岸中适于植物生长的土工合成材料主要有三维土工网、土工格栅和土工袋等。本书主要针对适用于小河流的三维土工网垫和土工格室这两种类型土工合成材料进行了试验研究和工程应用。

1.6.3.1 三维土工网垫

三维土工网垫（3D-geomat）是以热塑性树脂为原料，经过拉伸、挤压、缠绕等工序，网垫的接电处进行高温融合，其底部为具有较高模量基础层其顶部为错综复杂的网包结构。三维土工网其基础层通常为1～3层通过双向拉伸等处理形成立体的方形网格构成，三维土工网垫基础层以上通常为2～4层网包的网包结构同样进行拉伸高温处理，拉伸后的三维土工网垫质地轻盈并且稳定，可以很好地适应坡面的变化，上下两层结合就形成了所谓的三维土工网垫。三维土工网垫植草护岸作为生态护坡技术的一种，是近几年发展迅速的一种新型生态护岸技术。它可以明显减少土壤受雨水、河水的冲刷流失，空间网包与植被相结合可以达到改善生态环境的效果，保土固土效果非常明显。在我国近些年的河流建设中，常州堤坝河流护坡工程（陈梅 等，2005）、宜昌城区防洪护岸工程（万卫平，2006）、北江下游航道整治工程（张垂虎，2006）、辽宁省砂堤生态护坡工程（李春雁 等，2007）、厦门市过芸溪流域综合治理工程（李慧伶 等，2010）、丽水瓯江堤防整治工程等均逐渐应用了三维土工网垫（宋睿 等，2015）。

成子满等（2002）、李连胜等（2004）、曹学卫（2005）通过试验对比了平面网与三维土工网护坡固土的效果，结果表明三维土工网垫护坡效果更明显。刘晓路等（2006）从不同坡面网垫选材、不同地区草种的选择、网垫铺设和种植及体系的养护等方面详细说明了三维土工网垫边坡防护体系的建立。郑素苹等（2007）研究了三维土工网垫植草护坡技术的作用机理、施工工艺、养护等关键技术，并说明了三维土工网垫护坡的经济效益，其造价仅为现浇混凝土薄板护坡的1/3，满铺浆砌片石护坡的1/4。另外三维土工网垫护坡施工工艺简单，施工速度是其他护坡方法的十几倍。王志强（2008）分析了三维网垫的作用机理、施工技术方法，并进行该技术的推广与应用。肖成志等（2010）通过边坡模型正交试验，在不同降雨强度下分析了网垫类型、草籽密度、土质和坡度等4个因素对三维网垫植草护坡性能的影响。胡玉植等（2016）在通过极端环境下利用不同方式加筋草皮的方法，探究海堤背水坡抗水力侵蚀能力时发现，不同型式的加筋草皮抗侵蚀能力有差异，其中，三维土工网垫＞土工格栅＞天然草皮，对实际工程具有重要指导意义。胡昌兰（2017）在进行寒冷地区粉砂质堤防生态岸坡试验时发现将三维网垫与制备相结合的边坡防护系统既可以保障岸坡的安全性、稳定性，更能减少冻融作用下对岸坡土体的影响。

三维土工网垫在抗冲刷方面研究。肖成志等（2011）利用增大坡面粗糙率和拦污格栅模型，分别模拟了三维土工网垫和植被的护坡作用，并根据试验数据建立了网垫和植被引起的沿程水头损失及局部水头损失计算公式，此外还将颗粒启动速度引入分析坡面土颗粒流失的启动流速，通过分析坡角、植株密度、网垫和植被类型对坡脚流速的影响来研究三维土工网垫植草护坡的防径流中刷特性。王广月、李炯（2016）针对三维土工网边坡侵蚀稳定性分析中不确定性问题，将云模型理论引入到综合评判中，实现了定性与定量的不确定性转换，为三维土工网边坡侵蚀稳定性的评价提供了一条新的途径。涂传文（2016）模拟降雨试验，探究在三维土工网垫护坡的水力侵蚀特性，并研究其减流减沙规律，为三维网防护边坡的合理设计和稳定性评价提供了依据。单心雷（2017）在此基础上利用ABAQUS有限元深入研究了三维土工网防护边坡的整体稳定性。

三维土工网垫植草护坡作为生态护坡技术的一种，是发展迅速的一种新型生态护坡技术。该技术可以明显减少土壤受雨水、河水的冲刷流失，空间网包与植被相结合可以达到改善生态环境的效果，保土固土效果非常明显。原因在于三维土工网垫边坡防护是与植草相结合的一种新型护坡方式，一方面由于在三维土工网垫与土体和植物根系形成复杂的力学嵌合体系能够很好地保护土壤免受雨水击溅及径流冲刷，另一方面还可以美化环境，有利于边坡生态环境的恢复。三维土工网垫边坡防护在当前的工程建设中的应用越来越广泛，这种成本低、抗冲保土效果较好、施工便捷的护岸型式将在未来的水利、公路、铁路等方面得到更加广泛的应用。

1.6.3.2 土工格室

土工格室是由聚乙烯片材经高强度焊接而制成的一种三维立体网格状结构。土工格室耐腐蚀、耐老化、抗拉伸性能好、焊接强度高，能够承受较大的动、静及循环荷载，它伸缩自如，运输时可缩叠起来，使用时张开，并在格室中充填砂、碎石或泥土等材料，构成具有强大侧向限制和大刚度的结构，广泛运用于各个领域。天津市卫运河（南运河），黑龙江省肇源县松干王云成堤段、滦河迁安市段上游等工程均采用了土工格室生态护岸。

曾锡庭等（2001）和宋绪伟（2007）对土工格室及其应用做了一个概括性的描述，认为土工格室是一种经济实惠、施工方便且实际应用效果显著的土工合成材料，土工格室能够运用于边坡防护以及浅层地基的处理等类型的项目建设中。土工格室对固定松散介质以及基床病害整治等应用方面取得了较大的进展（Wesseloo，2009）。Chen 和 Chiu（2008）通过模型试验进行了以土工格室为主要材料的挡土结构的失效机理和结构超载研究。晏长根（2004）、杨晓华（2004）等对土工格室运用在黄土路堤进行了一定的研究，认为土工格室护坡应用在在黄土路堤边坡上是切实可行的。赵志东（2007）、袁安丽等（2007）通过实际工程对比土工格室护坡、浆砌石护坡、干砌石护坡、钢丝石笼网护坡、三维网垫植草护坡等护坡方案的优缺点，近堤流速为 2～4m/s 的城区段河道采用土工格室护坡，能够提高堤防工程的行洪安全，维护生态环境。王玉洁（2012）对比分析了直接植草防护、拱型骨架砌石结合植草防护、方格网骨架砌石结合植草防护、六棱形预制环结合植草防护、三维固土网垫结合植草护坡、土工格室植草护坡等六种边坡防护型式，并经过实践应用，认为土工格室植草护坡在造价和防护效果方面是较为理想的防护型式之一。王华（2010）认为土工格室能够给植被提供安稳、适合的生长环境，通过在土工格室中种草，能够达到美化坡体的目的，拥有小孔的土工格室可以加强边坡排水能力。李晋等（2008）和韩燕（2012）等探索了土工格室护坡的稳定性，土工格室护坡在正常状态下可以保持边坡稳定，但在降雨条件下其稳定性会大大降低，土工格室与植物根系相互作用有利于提高边坡稳定性。

土工格室在河流冲刷方面研究。晏长根等（2005）做出了土工格室对黄土边坡冲刷防护效果明显，一般可以提高抗冲蚀能力 40%，并随着时间的推移，效果越来越明显；格室的框格越小效果越好等结论。王杏花（2012）对土工格室护坡下边坡侵蚀特性进行了试验研究，结果表明在 30min 的冲刷过程中，前 10min 的产沙量占总侵蚀量的 40%～60%。王广月等（2012）分析了降雨条件对土工格室柔性护坡的稳定性的影响；靳凤玉（2013）、任敏松（2015）等以模糊物元模型为基础，建立了一个能评价水力侵蚀对土工格室护坡稳定性影响程度的较全面的指标体系，该方法提高了土工格室边坡评价的准确性和合理性，为土工格室边坡侵蚀稳定性评价提供一个新的思路。

采用土工格室护岸，土体塑性区向外侧移动的趋势受到格室的限制，活动将不能继续发展，从而提高了地基的承载力。土工格简化了施工流程，加快了工程施工速度，降低了工程造价。在实际工程中目前被应用于边坡防护与挡土墙修筑等各种工程。罗湘务（2016）以西北某工程中的斜坡防护为例，认为土工格室柔性挡墙不仅满足结构安全、施工便捷、造价低廉，而且墙体本身可以植草绿化墙面，但针对土工格室柔性护坡技术的前期阶段，经常出现边坡整体失稳这一问题。王广月等（2016）在降雨条件下模拟分析了生态边坡稳定性，格室的作用使得渗流主要作用于边坡土体浅层，大大降低了渗流对更深层次的土体影响，达到应力重新分布的效果。鲁志方等（2016）提出了土工格室护坡中土工格室的预加应力概念，从定性角度对上工格室植被护坡防膨胀上边坡开裂机理进行了阐述，土工格室护坡侵蚀稳定性问题是涉及多层次多指标的复杂的综合评价问题。在土工格室抗冻性能方面，张欣（2016）做了土工格室护坡与现浇钢筋混凝土护坡的对比试验。试验结论是土工格室护坡具有抗冻胀的效果，同等厚度的土工格室护坡与现浇钢筋混凝土护坡相比较冻胀量可减少20％～40％。

总的来说，河岸带是既具有水域特性，又具有陆地特性的水陆交界区域。生态护岸有利于保证河岸结构稳定和满足防洪要求的基础上，与周围环境相互协调、协同发展，维持生物动态平衡的开放性生态系统，保持岸坡生态系统的完整性、安全性、健康性、可续性和动态平衡。未来生态护岸的研究将从系统的角度，借助计算机技术，以现代数学、生态学、水力学、植物学等学科理论为依据，对河岸带实施统筹规划、优化设计、监控管理，进行定性定量分析，为河流护岸的生态建设和保护提供合理有效的评价标准和理论依据，提高河岸带生态系统的自我调节、自我修复能力、改善人类生活环境，保证社会、经济可持续发展。

第2章　小河流生态护岸的总体规划

2.1　生态护岸规划设计总体理念和思路

2.1.1　生态护岸理念

河流生态治理是水生态文明建设的重要体现，是人们对河流生态环境的追求和向往的产物，是人类文明发展到生态文明时代的必然趋势。河道生态治理的目的是通过一定的手段，构建起一种既适合人类生存，又能保持生物多样性的适合自然生存的状态，从而促进人与自然的和谐发展。治理中小河道生态环境，构建水系生态空间，需以目标和问题为导向，制定系统全面、科学合理的技术方案。这一目标的具体要求为水流必须清澈、河岸有绿色植物，河道的横向要保持空气、水分的流通，河道平面上要最大限度地保持其原有蜿蜒曲折的形态。

生态护岸为河流生态治理的重要组成部分，其理念应尊重自然、顺应自然、保护自然，维护物种多样性，维持生态系统动态平衡，提高水环境承载能力，改善生态环境，满足景观和人类活动需求，提高河流生态系统的自我调节、自我修复能力，达到人水和谐可持续发展的目的。

2.1.2　生态护岸设计思路

根据河道生态治理的思想，在进行河道建设时，要坚持将“回归自然”和“以人为本”相结合的思路，既要保留河岸原有的水草、礁石等，恢复河道原有的排洪、蓄水、航运等自然功能，保持河道原有的自然特征和水体流势的多样性，建设仿自然型的河流，又要处理好人、水关系，建立起亲水、安全的人水和谐环境，满足人类活动对河道的要求。针对小河流存在的水污染严重的问题，在进行河道生态建设中，应当着重加强截污、治污的管理工作，建立污水处理配套措施，通过沿河埋设管道，设立分级沉淀池对居民生活区的生活污水进行截留、沉淀，将其中对水体有害的物质排除后，再将其排入河道；同时，在建设主要行洪通道的基础上，还应设立多功能的拦污栅，采取一定的保洁措施，对已整治好的河道进行保护，以保证其功能的正常发挥，实现治理的目的。根据不同水体的地理位置、地形地貌、功能性质等实际条件，对城市中的河流、人工湖泊、小型水体等进行合理的生态设计与规划，创造条件增加河水自然流势的多样性，减少人工痕迹，体现河流及周围景观的协调性，充分发挥水体在河流中的生态功能和景观功能，为人类提供更美好的生态环境。

生态治理思路：要以防洪、生态为主要功能；以满足防洪要求为基础，河道护岸以近自然型的河岸生态治理理念为原则，从生态系统结构和功能的整体角度出发，恢复自然河岸的“可渗透性”，加强河道的自净能力；构建多样性的水陆过渡带生境，为生物提供栖息地和迁移廊道创造条件；保证农业灌溉排水，农民生产生活，能够实现“洪期防水淹，旱期有水用”的目的；因地制宜，塑造自然型、有活力、有内涵的绿色河岸。

2.2 生态护岸规划设计原则

河流护岸规划设计应以生态系统理论为指导思想，从整体上恢复原有的自然生态结构，充分考虑动植物的生存条件和水体的景观美感以及养护需求，尽量构建层次分明、结构合理、功能健全的生态型护岸，使河道中的水体充分发挥出其生态服务功能。因此，河岸生态护岸的规划设计应遵循以下 6 个原则。

1. 系统性原则

河流形成是一个自然循环和自然地理等多种自然力综合作用的过程，这种过程构成了一个复杂的系统，系统中某一因素的改变，都将影响到河道面貌的变化。所以，在河流规划设计时，首先应对河流的回水范围，从区域的角度，以系统的观点进行全方位的考虑，同时需要考虑控制水土流失、水资源利用、水利工程建设、土地利用等。

2. 多目标原则

河流治理不单纯是解决防洪或水资源利用的问题，还应包括改善水域生态环境，改进河道可及性与亲水性，增加娱乐功能，改善河滩地土地利用价值等问题。仅从某一个角度出发，轻则造成资源浪费，重则对生态环境造成大的影响。因此，必须统筹兼顾，整体协调。河道规划设计应该能够为此提供多样性结构、多功能组合，以满足社会绿色可持续发展的需要。

3. 生态学原则

生态护岸把河水、河岸、河滩植被连为一体，构成一个完整的河流生态系统。在充分考虑安全性的前提下，应尽量使人工护岸的硬朗线条柔和化、生态化。采用直道改曲、河岸分层、硬质软化等方法，使河岸系统恢复到较为自然的状态，为各种动植物和微生物创造适宜的生存和生长条件，提高生态系统价值和生物多样性，建立较为完善的水体生态系统，使河岸具有自然的、生态的野趣，以科学发展观为指导，坚持以人为本，人与自然和谐相处，紧紧围绕建设生态河流的目标进行统一规划设计。

4. 安全性原则

护岸工程本身应具有防洪、排涝、引水和航运等基本功能，所以人工护岸首先要在技术上满足安全稳定的要求。河道的防洪设计以满足防洪标准、结构安全、经济合理为原则，优选设计方案，同时考虑水边休憩娱乐等亲水平台设计的安全性。

5. 经济性原则

（1）在规划设计中坚持实效实惠原则，经济可行原则；妥善协调好各有关方面的矛盾，处理好投资与效益的关系。注意就地取材，节省土地资源，保护不可再生资源，降低工程造价。

（2）河道护岸材料的选择上，尽可能就地取材，河道护岸以石笼、木材、块石和草皮为主要材料，做到因地制宜，利用那些适用性强，符合规范的材料，包括河岸植被的选择要尽量体现地方特色，能较好适应当地的气候、土壤条件，适生性更好，这样可以大幅度较低河道治理的建设成本和管理养护成本。

6. 自然美学原则

追求美是人类永恒的目标，强化美学意识，提高美学的素养，用美的设计、美的构思和美的理念构建近自然河道。根据河道所处环境，遵循本土历史文脉，将当地文化特色与回归自然相结合。河流滩岸的景观设计，按照自然与美学相结合的原则，进行河道形态与断面的规划设计，避免园林化倾向，设计河道功能，选择适宜的植被布局，创造人与自然和谐统一的河道空间，保持自然线性，强调植物造景，运用自然材料，创造自然生趣，鼓励平易质朴，达到较高的艺术境界，满足人们对美好生活的需要。

2.3　生态护岸规划设计总体布置

河岸生态护岸的总体布置，就是根据护岸工程特点和施工条件，研究解决在河道平面和空间的布置问题，这是河岸生态护岸设计的重要组成部分，也是进行施工现场布置的依据。其目的是通过一定的手段，构建起一种既适合人类生存，又能保持生物多样性的适合自然生存的状态，从而促进人与自然的和谐发展，建立健康的河道护岸系统结构布置。

2.3.1　布置原则

（1）河道布置既要满足防洪要求，也要满足该区域规划设计要求。

（2）河道的总体布置，既要保留河道蜿蜒的自然形态，河道两岸堤线应与河势流向相适应，又要与洪水的主流线大致平行。

（3）河道总体平面布置做到施工工序顺畅、布局合理紧凑、功能分区明确的原则。

（4）河道线布置应与河流治理总体规划相一致。

（5）河道线布置应与生态绿化相协调。

2.3.2　总体布置应考虑的因素

一般提出若干个可能的布置方案供选择。在选取布置方案时，常从各种因素（护坡稳定的性能，同时还兼顾生态修复、美观、经济）进行比较分析，最后选定最科学合理的布置方案。

2.3.3　总体布置的步骤

河岸生态护岸的总体布置是一项技术性要求较高的工作，其布置是否合理不仅直接关系到工程质量能否达到治理要求，关系到工程经济的合理性和施工安全，而且和生态河流具有直接关系。河岸生态护岸的总体布置大体可按以下步骤进行：

1. 调查研究与资料收集

进行河岸生态护岸的总体布置前，必须深入河道治理现场调查研究，并收集有关的技术资料和现场资料。如河流两岸的社会经济及历史文化情况；比例尺为 1：200～

1∶10000的河岸治理地区的地形图；河流的气象水文特性和工程地质情况；河流的水质情况；河流的动植物情况；河岸治理地区是否有可用来作为护岸的材料等。

2. 对总体布置进行规划

总体布置规划是河岸生态护岸总体布置中的关键环节，着重解决总体布置的一些重大原则问题。必须明确河流的总体规划和功能定位，分段进行合理布局。规划设计时要考虑水流、潮汐、波浪特性以及地形地质条件，在河床演变分析的基础上确定不同的河段宜采用的不同护岸结构与型式。

3. 确定河岸生态护岸型式

根据河流的总体规划和具体河段的水流特性以及地形地质、施工条件和应用要求等，确定河岸生态护岸型式，通常采用坡式结构、墙式结构、复式结构等型式。从生态的角度出发，同时选择相应结构的护岸材料，在适宜的河段，保证生态、安全和景观的同时，考虑经济的合理性。

2.4 生态护岸方案选择

目前我国的中小河流治理仍以防洪、疏浚为主，但以往的治理中忽视了生态理念，采用治理的材料大多是混凝土、块石砌筑护坡等，河流硬化，破坏了河流的生态系统，加快了洪水汇集速度，不利于防洪。如何在保证工程防洪能力的同时保持河与岸的贯通并兼顾生态平衡、如何对河流进行生态修复，恢复水环境中的生物多样性、工程和环境友好相处是现代河流治理提出的更高要求。因此，选择一种既满足河道行洪排涝稳定性又有利于恢复河道生态系统平衡的边坡生态防护平台极为关键。

经济快速发展的今天，人们对于自己所处的生活环境却日渐担忧。就工程建设来说，混凝土是应用最广泛的建筑材料之一，由于其太过密实，导致其结构缺乏透气性和透水性，用它们所浇筑的路面、护坡等基本无法实现与生物的协调性和相适应性，难以满足人与自然和谐发展这一主题。所以，对于河流治理来说，开发利用新的建筑材料和新型护岸技术方案，让护岸在河流生态系统的营造、滞洪补枯、调节水位、增强水体的自净功能、河流生物过程等方面起重要作用，这对于生态平衡来说有重大意义。新的生态材料具有“水安全、水环境、水资源、水景观”等多功能特性，能营造出自然和谐的水生态环境，同时其具有的多孔质型式，对水生态系统的修复相当重要。新型的生态护岸方案有：石笼网、土工格室、土工三维网、生态混凝土等，它们在生态河流护岸中的应用，使得生态河流护岸的发展有了历史性的变革。

河岸生态护岸的实施方案应该根据工程目的来具体选择并进行比选优化。具体方案见表2.1。

表2.1 河岸生态护岸的实施方案

河岸生态护岸的目的	可采用河岸生态护岸的方案
控制河床和河岸侵蚀	恢复河流蜿蜒性，控制河道坡降，进行岸坡防护或河道衬砌（混凝土或块石），种植植被，建设植被缓冲带

续表

河岸生态护岸的目的	可采用河岸生态护岸的方案
避免河床淤积	有选择性的清淤，建设植被缓冲带
防止地下水位下降	修建水位控导工程，植树造林，发挥河流的功能，地下水回灌工程
保护水域栖息地	加强河流内栖息地结构，仅改变河道单侧的岸坡结构，恢复河流蜿蜒性，改善河道底质，有选择的疏浚清淤
避免减少河岸带植被	改变河道单侧的岸坡结构，植树造林，种植植被，恢复受干扰区域的植被，保护裁弯取直后形成的森林区
提高或保护河流边区域的美学价值	恢复河流蜿蜒性，建设水面景观，河岸应用特殊材料并进行整修
提高或保护河流内区域的休闲价值	仅改变河道单侧的岸坡结构，种植植被，有选择的疏浚清淤，对混凝土结构进行整修
为水底大型无脊椎动物提供稳定的底质	采用抛石或毛石，石笼，或其他特殊结构
增加或维持鱼类栖息地	绿化，植被与其他结构措施的组合，有选择的疏浚清淤

河岸生态护岸的实施方案主要是从水生态角度出发，制定相应的河流整治措施，在满足河流管理需要的基础上，一定程度上降低了其对河流生态系统的影响。但是，无论选择何种方案，都要以工程安全为先决条件，然后兼顾其他目标需求。随着生态环保理念的不断深入，人们将不断提高对河流护岸工程生态环境效益的要求，传统的护岸型式必将向生态型护岸型式转变。总之，生态护岸的出现顺应了人与自然和谐相处的要求，在今后河道工程建设中必将成为主流，它对还原人文景观、改善人居环境、营造和谐生态有重要意义。

第3章　生态混凝土护岸技术

3.1　概述

3.1.1　生态混凝土的定义

对生态混凝土的定义学者各有不同解释。日本学者吉森和人等（1996）将生态混凝土用“Environmentally Friendly Concrete”表述，译为诸如“环境友好型混凝土”“生态混凝土”“环保型混凝土”“绿色混凝土”等的说法。杨静等（1999）认为环境保护型混凝土包括减轻环境负荷型混凝土和生态混凝土，把透水或排水性混凝土、生物适应型混凝土、绿化和景观混凝土纳入了生态混凝土的范畴。陈志山（2001）认为，生态混凝土与绿色高性能混凝土（Green HPC）的概念相似，但“绿色”的重点在于“无害”，而“生态”强调的是直接“有益”于生态环境。奚新国等（2002）则称之为生态友好型混凝土，“既能减少对地球环境的负荷，同时又能与自然生态系统协调共存，为人类构造舒适的生活环境的混凝土材料”。李湘洲（2003）认为，生态型混凝土是“能够适应生物生长、美化环境景观、实现人类与自然的协调具有积极作用的混凝土材料。”董哲仁等（2013）的定义是以水泥、不连续级配碎石、掺合料等为原料，制备出满足一定孔隙率和强度要求的无砂大孔隙混凝土。

综上所述，生态混凝土具有几个共同点：①它是通过对材料和特殊工艺的研发制造出的具有特殊结构和性能的混凝土；②它的使用可以有效降低建筑环境负荷；③它可以协调人们在生产实践过程中与自然界之间物质、能量的交换，使其更符合人与自然和谐发展的规律；④其发展注重对环境的保护和对生态多样性的重视，是一种具有可持续发展的混凝土。因此，生态混凝土是指一种有特殊结构并具有特定性能，可减少环境负荷，与生态环境相协调的混凝土。

3.1.2　生态混凝土的分类

生态混凝土就是以生态平衡为出发点，使混凝土在生产、使用等过程中和自然环境中物质、能量的交换相协调，从而使人类与自然满足和谐发展的要求。换言之，生态混凝土不单单只是一种建筑用材，它还应该是与自然环境相协调的，在保护自然环境和生态平衡方面起到积极的作用的一种材料。

生态混凝土可分为两大类：

（1）环境友好型生态混凝土。环境友好型生态混凝土主要是指在混凝土的生产和直接解体的过程中，能够最大程度上降低环境负荷的混凝土。环境友好型生态混凝土包括：透水混凝土、吸噪混凝土、防辐射混凝土和节能型混凝土等。其作用主要有：最大程度上降低混凝土生产过程对环境带来的负担，减少混凝土在应用过程中对环境带来的负荷，通过提升混凝土的整体性能来改善环境对混凝土应用的影响。其技术实现的途径主要是通过对固体废弃物的再利用、提升混凝土的耐久性来增强建筑物本身的寿命、对混凝土性能的改善等来减少其对环境带来的负担。

（2）生态相容型生态混凝土。生态相容型生态混凝土是指能和动物、植物和谐发展的，具有生态平衡、环境美化作用的混凝土。根据生态相容型生态混凝土的具体作用可以将其分为植物相容型生态混凝土、水域生物相容型生态混凝土、净化水质型生态混凝土等。植物相容型生态混凝土（植草混凝土）大多是利用多孔混凝土的空隙来透气、透水，在这个过程中对植物生长所需要的营养进行渗透，常种植草本植物、低灌木植物，用于河堤的绿化和环境的净化。水域生物相容型生态混凝土是将多孔混凝土设置在相关的江河湖海水域，让陆面上和水中生长的动植物和微生物能够栖息在凹凸不平的表面和连续的空间内部，在相互作用下形成一种共生的食物链，从而为水域生物的成长提供良好的环境支持，实现对生态环境的保护。净化水质用生态混凝土是利用多孔混凝土的外表面来对各种微生物进行吸附处理，通过生物层的作用来实现自身的净化功能，并将其制作成一种漂浮体的结构设置在营养化的河水中来净化水质，促进草类、藻类植物的生产。

本章主要针对适用于小河流的植草混凝土和反滤混凝土这两种生态混凝土进行试验研究和实际工程应用。

1. 植草混凝土

植草混凝土又可以称为植生型多孔混凝土，是以大孔隙率混凝土（多孔混凝土）为骨架，将适生材料填入多孔混凝土的孔隙中，并覆盖混凝土表面，将草种混合在适生材料中，经过一段时间的培育后，植物萌发生长，草本根系在多孔混凝土孔隙中延伸生长，草本植物与混凝土融为一体，形成具有一定强度和植被覆盖率的环境友好型生态材料。它主要是利用自身的孔径、孔隙率大等特点，在满足一定强度、pH值等指标的同时，还可以在上面种植草本花卉等植物，使其满足防洪和生态等多目标的要求。

2. 反滤混凝土

反滤混凝土是通过材料的研选、特殊的工艺等制备出来的具有一定的表面特性与特殊结构的随机小孔隙混凝土，能够保护岸基土体不受冲蚀，保持河与岸之间的连通性，使其能与生态环境相协调。与植草混凝土不同之处在于，它的结构孔径和孔隙率要比植草混凝土小，原因是它在实际工程中，通常是长期处于水面线以下。所以它对于强度的要求要比植草混凝土高，而且同时还要满足滤水保土的性能（谢应兵 等，2017）。此外，由于它本身结构的特点，其表面对各种微生物的吸附，通过生物层的作用能够产生间接的净化功能，从而保护生态环境。

3.2 生态混凝土护岸的作用机理

3.2.1 植草混凝土的作用机理

植草混凝土是指能够适应绿色植物生长的多孔混凝土。混凝土内部存在许多连续的孔隙，使其具有良好的透水、透气特性，施工时，只要在混凝土块的孔隙中充填腐殖土、种子、缓释肥料、保水剂等混合材料，草籽就可生根、发芽，并穿透到土壤中生长，从而可以大大改善周围的环境。同时，利用其多孔结构，透水透气性，不仅可稳固土壤，而且使水生动植物或两栖动物及微生物在其凹凸不平的表面或连续孔隙内生息，一方面保持了生物的多样性，具有显著的生态效应；另一方面，可以解决常规硬化坡面、路面存在的散热少、无呼吸、雨水聚积成涝等问题；还可以减轻排水设施负担，使地下水得到及时补充，避免造成地下水位明显下降等严重问题。此外，植草混凝土具有较好的力学性能，若加入特殊的外加剂，其抗压强度可达到 5MPa 以上。植草混凝土可以作为固沙、固土、固堤护岸材料，也可用于保护和绿化城镇人行路面、停车场、建筑物墙壁、河道堤防和屋顶等，使绿化与硬化完美地结合起来，增加城市的绿色空间，还能够吸收粉尘、保护环境，维持生态平衡，是一种与自然协调、生态效应显著的混凝土材料。

3.2.2 反滤混凝土的作用机理

反滤混凝土护岸具有良好的滤水保土功能，它具备了如土工布一样的滤土功能。随着使用时间的推移，不同粒径大小的土颗粒会流经混凝土块体，一部分土颗粒直接流失，有一部分则滞留于混凝土体内，待这种现象达到一种平衡之后，混凝土块则会形成一种类似于反滤层效果，从而达到滤水保土作用。

反滤混凝土的“生态性”主要从以下几个方面来阐述：①与普通素混凝土相比，水泥的用量减少和添加剂的使用，降低了混凝土的碱性；②由于该混凝土结构的特殊性，即混凝土各孔隙间的连通性，一方面可以有效降低岸坡内外侧水体的压强差，保护边坡，另一方面地表水流经混凝土护坡，可以加强对地下水的补给；③可以有效防止水流对护岸的直接冲刷，起到缓冲带的作用；④混凝土孔隙间和表面附着的微生物、低等植物，能起到一定的净化水质功能等。

3.3 植草混凝土技术

植草混凝土护岸是以水泥、粗骨料、细骨料、外加剂和水等按照一定的配合比搅拌均匀制成的，能满足防洪、抗冲的要求，而且植草混凝土连续孔隙能够提供植物生长的空间，在坡面上种植花草，美化环境，使得硬化和绿化、景观化完美结合起来，具有良好的护岸作用和生态效益。诸多的特殊性能使得植草混凝土作为一种绿色新型材料，在水利工程、路面铺筑和环境工程中得到广泛的使用。

3.3.1 材料选择

植草混凝土由水泥、粗骨料、细骨料、矿物质掺合料、化学添加剂和水等拌和均匀而成。

1. 水泥

由于植草混凝土细骨料用料少，可将植草混凝土看成是水泥胶体和粗骨料胶结而成的孔隙堆积结构，其强度主要来自孔隙内水泥与骨料接触点、面的胶结强度。由于骨料的强度更高于水泥胶体的强度，结构的破坏经常发生在骨料界面的水泥石层中，因此，水泥的强度等级、用量是混凝土强度的决定性因素。为了分析不同水泥强度等级对植草混凝土强度的影响，试验选用了南昌市赣江海螺水泥有限责任公司生产的 P. O32.5 和 P. O42.5 两种型号的水泥，水泥性能的技术指标见表 3.1。

表 3.1　P. O32.5 和 P. O42.5 两种型号水泥性能的技术指标

水泥型号	密度/(kg/m³)	细度/%	凝结时间/min		抗压强度/MPa		抗折强度/MPa	
			初凝	终凝	3d	28d	3d	28d
P. O32.5	3.1	1.1	239	294	19.3	38.8	4.4	7.3
P. O42.5	3.085	2.1	195	235	27.7	49.8	5.9	8.8

2. 骨料

和普通混凝土一样，其水化硬化后的强度由三个方面控制：骨料与水泥胶体的黏结强度、水泥胶体的强度和骨料的强度，决定了骨料与骨料之间接触面、点的胶结质量好坏。而且粗骨料的粒径组成、表面形状和比表面积等因素是植草混凝土的孔隙率、透水性和孔径尺寸大小的重要影响因素。依据《公路工程集料试验规程》(JTGE 42—2005) 规范相关规定，综合考虑骨料级配与植草混凝土相关性能的关系，分别对三组不同粒径的骨料进行试验，其相关性能指标见表 3.2。细骨料采用天然河砂，河砂在一定程度上增加了胶凝浆体的量，可有效增加骨料之间的接触面积与接触点的数量，从而增加黏结强度，进而提高植草混凝土的整体强度，其相关性能指标见表 3.3。

表 3.2　植草混凝土粗骨料物理性能

骨料粒径/mm	表观密度/(kg/m³)	紧密堆积密度/(kg/m³)	含沙量/%	针片状含量/%	吸水率/%	压碎值/%
1 号(10～20mm)	2750	1460	0.91	11	13.5	9.5
2 号(15～30mm)	2755	1510	0.8	10.5	11.3	6.28
3 号(20～40mm)	2760	1560	0.45	1	10.55	6.85

表 3.3　河砂技术指标

表观密度/(kg/m³)	堆积密度/(kg/m²)	细度模数	含泥量/%
2650	1530	2.15	2.8

3. 矿物质掺合料

(1) 硅粉。采用石家庄行唐县鑫磊矿物粉体加工厂生产的硅粉，其平均粒径为 0.13μm，比表面积为 $19m^2/g$ 左右，具有极强的表面活性。SiO_2 含量在 92%以上，pH 值为中性。硅粉不但能减少水泥用量，同时能保证混凝土的强度和耐久性。其对普通混凝土（水泥强度等级为 P. O42.5）的强度试验见表 3.4。

(2) 粉煤灰。粉煤灰加入到胶凝浆体中与骨料进行搅拌，能与混凝土水化产物 $Ca(OH)_2$ 以及其他金属的氢氧化物发生化学反应生成一种具有水硬性的胶凝性化合物，从而提高混凝土的强度和耐久性的一种掺合料。粉煤灰的掺入，不但可以减少水泥和水的用量，而且对混凝土的和易性有一定的改善作用。其化学成分见表 3.5。

表 3.4 硅粉对普通混凝土的强度试验

项目		分组		
		1	2	3
原材料用量/kg	水泥	488.9	499.8	440
	硅灰	0	39.1	48.9
	水	127	127.11	127.11
	砂	621.7	621.7	621.7
	石	1262.3	1262.3	1262.3
最大材料粒径/mm		20	20	20
水灰比		0.26	0.26	0.26
硅灰掺量/%		0	8	10
减水剂用量/%		1	1	1
抗压强度/MPa 7d 龄期		62.2	68.9	69.6
抗压强度/MPa 28d 龄期		79.1	90	91

表 3.5 粉煤灰的化学成分表

成分	SiO_2	Al_2O_3	FeO	Na_2O	MgO	CaO
比例/%	58	30	4.3	3.2	2.8	1.5

4. 化学添加剂

化学添加剂采用 SR－4，它是由日本亚洲株式会社开发研制一种植草混凝土添加剂，密度为 1.045g/mL，是一种橘黄色的无机质悬浮液。SR－4 是以碳酸钙、硅石粉、机能性无机盐及改性聚羧酸等无机材料为原料，以高分子功能性有机材料为基础，再经过合成、熟化等特定的生产工艺提炼而成，能够在满足植草混凝土的抗压耐冲性能上，保证其孔隙率、耐久性等性能指标，并且能在促进植草混凝土粗骨料裹浆的基础上在胶凝体表面形成一层密封层，防止混凝土内的 $Ca(OH)_2$ 的析出，使得植草混凝土孔隙内部碱性环境降低。

5. 拌和水

试验采用的拌和水为普通自来水，pH 值为 6.9～7.1。

3.3.2 试验方法

制作植草混凝土试块时，各种试验模具的尺寸如下：抗压立方体、抗折长方体混凝土模具尺寸分别为 150mm×150mm×150mm，100mm×100mm×400mm；抗冲刷圆柱体混凝土模具尺寸为外径 D_1=325mm，内径 D_2=203mm，高 H=60mm。

试验采用 60L 小型搅拌机搅拌制备植草混凝土试块。由于植草混凝土的特性，其试块制备成型方法和普通混凝土不同，拌和方式和加料方式对多孔混凝土骨料包浆有重要影响。在试块的搅拌制备中，采用的二次投料法。具体做法为：先将河砂、水泥、矿物质掺合料等胶凝材料装于塑料桶内搅拌均匀；再将粗骨料和 20%的水加入到搅拌机内拌和 30s，待骨料全部湿润后；加入 40%的水和 50%的胶凝材料拌和 60s；然后将外加剂 SR－4 与剩余的 40%的水混合后加入 50%的胶凝材料后拌和 90s。同时仔细观察拌和料的稠度，等到粗骨料包浆层均匀且有一定的金属光泽，将植草混凝土拌和物卸在已润湿的铁板上，人工搅拌2～3次后装模。

3.3.3 植草混凝土的制备与性能分析

3.3.3.1 抗压、抗折强度测定方法

植草混凝土试块抗压、抗折强度的测定，参考《普通混凝土力学性能试验方法标准》(GB/T 50081—2002)，采用万能液压机进行试验，抗压、抗折试块（图3.1）尺寸分别为150mm×150mm×150mm、100mm×100mm×400mm。在制备抗压试块时，由于植草混凝土孔隙结构的原因，试块表面呈凹凸孔洞形状，给抗压试验结果带来极大误差，因此，在制备抗压试块时，要增加一道“上下封浆”的工序，使试块均匀加载。封浆层的水泥浆体要稍微稠密，厚度为5mm。加载速度控制为0.1～0.2MPa/s，直到试块破坏，每组测试三个试块取平均值；抗折强度测定时，方法同于抗压试块测定。

图3.1 抗压、抗折试块

3.3.3.2 孔隙率测定方法

孔隙率是植草混凝土透水性和植生性能的重要指标之一，孔隙率大小还与混凝土的力学性能有直接关系，植草混凝土的孔隙率包括全孔隙率和有效孔隙率。全孔隙率是由连通孔隙、半封闭孔隙、闭合孔隙与试块的表观体积的比值；有效孔隙率是指混凝土试块中连通孔隙率、半闭合与试块表观体积的比值。

测量试块有效孔隙率时，试验采用标准养护28d的未做封浆处理的抗压试块（其体积为150mm×150mm×150mm)，标准抗压试块的体积记作 V_0；再将一定量水加入到长方体量筒中并读取水面刻度值，计算出体积 V_1，量筒尺寸为160mm×160mm×400mm。再将试块缓缓的放入到量筒中，待水面稳定后，读取其水面刻度值，计算出 V_2。有效孔隙率的计算公式如下：

$$N_1=\left(1-\frac{V_2-V_1}{V_0}\right)\times 100\% \tag{3.1}$$

式中 N_1——植草混凝土试块的有效孔隙率。

测量全孔隙率时，采用称量法。首先将试块放入烘箱内干燥，在60℃下恒温条件下烘烤24h后将试块从烘箱中取出，放入干燥器中冷却至室温，称取试块质量 M；标准试

块的体积为 V_0，再利用以下公式计算出混凝土试块的全孔隙率。

$$N_2=\left(1-\frac{M}{\rho_t V_0}\right)\times 100\% \tag{3.2}$$

式中 N_2——植草混凝土试块的全孔隙率；

M——试块在空气中的干重，kg；

V_0——试块标准体积，cm^3；

ρ_t——植草混凝土试块的理论密度，kg/m^3。

其中，ρ_t是指拌和植草混凝土试块的所有原材料理论上紧密堆积的密度，可根据式（3.3）求得

$$\rho_t=\frac{\sum m_i}{\sum \frac{m_i}{\rho_i}} \tag{3.3}$$

式中 m_i——碎石、河砂、水泥、水、SR－4 和掺合料的质量，kg；

ρ_i——碎石、河砂、水泥、水、SR－4 和掺合料的表观密度，kg/m^3。

3.3.3.3 pH 值测量方法

采用“碱性释放法”测量混凝土孔隙结构内的 pH 值，具体做法为：将植草混凝土抗折试块放入水桶中，往水桶里加水，加到水面刚刚浸没试块的表面，待浸泡 24h 后，取出一小杯浸泡后的水溶液，采用 pH 测量仪测量溶液 pH 值。重复以上试验步骤，把试块放入容器内，直到浸泡过试块的水的 pH 值稳定后停止测量。

3.3.4 植草混凝土最佳配合比设计与各性能的测定分析

抗压、抗折强度以及满足植生要求的孔隙率是体现植草混凝土性能的几项重要指标。因此，通过一系列试验对植草混凝土的材料组成、配合比设计与制备工艺等方面进行优化设计，为小河流治理的现场施工提供科学依据。植草混凝土的各种性能的研究，采用以体积法的基准配合比为基础，利用单因素试验方法，分别对水泥品种、骨料粒径及用量、水灰比、添加剂 SR－4 的用量、矿物质掺合料的种类及掺量与植草混凝土各性能（强度、孔隙率、pH 值）之间的关系进行研究。

3.3.4.1 植草混凝土的配合比设计

由于植草混凝土各项性能指标之间存在相互影响、相互制约的关系，如孔隙率增加会降低混凝土强度，水泥用量的增加可以使试块的强度提高，但是会降低孔隙率和增大混凝土孔隙结构内的 pH 值。所以设计植草混凝土配合比需要综合考虑多个因素，包括强度、孔隙率、透水性、抗冲刷性和 pH 值，而材料的选择与用量又是决定这些性能的重要指标，其中包括水泥型号和用量、骨料级配和粒径以及用量、外加剂和掺合料的选择。

植草混凝土配合比设计方法采用体积法，其基本原理为：粗骨料在紧密堆积的情况下，其空隙由胶凝浆体（河砂、水泥、掺合料、外加剂、水）适当填充，其表面由胶凝浆体均匀包裹胶凝，凝结后为胶结的部分就形成了多孔的内部孔隙结构。浆体未填满而余下的孔隙即是设计的目标孔隙。配合比设计方法的主要参数是目标孔隙率和强度。该法假设所制备的植草混凝土在拌和前后遵守体积守恒定律，即假定植草混凝土的体积由骨料堆积体

积、胶凝材料体积和植草混凝土的孔隙体积之和，通过预先设计的目标孔隙率来定出各部分材料的体积与用量，并由此得出植草混凝土的配合比。其具体的配合比设计计算过程如下：

按照体积法，应满足如下公式：

$$\frac{M_g}{\rho_g}+\frac{M_j}{\rho_j}+P=1 \tag{3.4}$$

式中 M_g、M_j——1m^3 植草混凝土中碎石、胶凝浆体（河砂、水泥、水和添加剂）的用量，kg；

ρ_g、ρ_j——碎石、胶凝浆体（河砂、水泥、水和添加剂）的表观密度，kg/m^3。

1. 骨料质量的确定

计算粗骨料用量主要是参考郑木莲等《基于正交试验的多孔混凝土配合比设计方法》，公式如下：

$$W_G=\rho_G\alpha \tag{3.5}$$

式中 W_G——1m^3 植草混凝土粗骨料用量，kg/m^3；

ρ_G——1m^3 骨料振实紧密堆积密度，kg/m^3；

α——折减系数，一般取值为0.98。

2. 胶凝浆体密度的确定

胶凝浆体由河砂、水泥、掺合料与拌和溶液（水、化学添加剂的混合溶液）搅拌而成，其发生水化反应后，胶凝浆体的体积会发生微小变化，故假设胶凝浆体在发生反应前后符合体积守恒、质量守恒，由设计假定的水灰比可推出胶凝浆体中的液固比，ρ_j经过计算公式可求得，计算胶凝浆体密度方法如下：

$$m_h=m_c+m_s$$

$$m_w:m_h=u$$

$$m_w=um_h$$

$$\rho_j=\frac{m_h+m_w}{V_h+V_w}=\frac{m_h(u+1)}{V_h+V_w}$$

分数线上下同时乘以$\frac{\rho_w}{V_h}$可得

$$\rho_j=\frac{\rho_h\rho_w(u+1)}{\rho_w+u\rho_h} \tag{3.6}$$

式中 m_h——1m^3 植草混凝土中砂和水泥的质量之和，kg；

m_c——1m^3 植草混凝土中水泥的质量，kg；

m_s——1m^3 植草混凝土中砂的质量，kg，当为无砂混凝土时，$m_s=0$；

m_w——1m^3 植草混凝土拌和溶液的质量，kg；

u——1m^3 植草混凝土液固比；

ρ_w——1m^3 植草混凝土拌和溶液的密度，近似看成为水的密度，kg/m^3；

ρ_h——河砂与水泥混合以后的混合物的理论密度，通过两物质量之和比上体积之和（采用排液法测得同等质量的河砂和水泥的体积）即可得到，kg/m^3。

3. 砂、水泥、水、SR-4添加剂质量的确定

在配合比设计中，由于植草混凝土是一种含少量甚至不含砂的工程材料，河砂与水泥

混合一起掺入拌和，作用为灰料的作用，而添加剂 SR－4 与水混合均匀后加入胶凝材料中进行拌制，作用为溶液的作用。所以，在配合比计算中，把添加剂 SR－4 与水的混合液的质量与河砂和水泥混合物质量之比看成是液固比代替水灰比来进行计算。

为得到河砂与水泥混合以后的混合物的理论密度 ρ_h，配合比试验中制备的植草混凝土拟同等掺入量掺入水泥和砂，添加剂 SR－4 使用量一般为水泥用量的 1%～3%（本试验综合考虑到控制试块孔隙 pH 值和其成本，取其用量为水泥的 1.5%），根据配合比设计固液比，计算出各胶凝材料的用量。采用强度等级为 P. O42.5 普通硅酸盐水泥进行配合比试验，其密度为 3.1g/cm^3，河砂密度为 2600kg/m^3，同等质量混合理论密度为 2830kg/m^3。根据式（3.6）可得液灰比下的 ρ_j 值，见表 3.6。

表 3.6　不同液灰比下的胶凝浆体密度

液　灰　比	0.20	0.25	0.30
胶凝浆体密度/(kg/m^3)	2168	2070	2023

4. 配合比设计试验方案

国内外许多研究和工程实践证明，具有植生性要求的植草混凝土基准配合比为：水灰比 0.20～0.30；粗骨料用量 1200～1800kg/m^3，细骨料用量为粗骨料的 15%～20%；用水量根据天气情况和拌和状态来确定，一般为 80～120kg/m^3；由于植草混凝土内部孔隙率的要求，水泥用量应尽可能少，一般控制在 180～250kg/m^3。但这只是一个粗略的范围，应综合考虑国内的技术、经验及经济等方面的情况，采用表 3.7 方案进行正交试验，分别对三种不同孔隙率、不同粗骨料粒径、不同液固比进行试验，得出理论最佳配合比。再通过单因素试验方法，对理论最佳配合比进行优化设计，得出可以在施工现场指导施工的较为科学的植草混凝土配合比。

三种不同粒径骨料在目标孔隙率为 30%时，水泥与河砂的用量与基准配合比中规定的用量相差较大，制备的植草混凝土强度不高。在理论研究的基础上，通过进行第 3、第 6 组试验发现：第 3 组抗压强度为 4.35MPa，抗折强度为 2.30MPa；第 6 组抗压强度为 5.25MPa，抗折强度为 2.15MPa，符合理论推理。

表 3.7　植草混凝土配合比设计试验方案

粗骨料级配	目标孔隙/%	液固比	碎石/(kg/m^3)	水泥/kg	砂/kg	含砂率/%	灰骨比	固体胶凝材料/kg	水/L	SR－4/L
1号(10～20mm)	20	0.2	1430	252.93	252.93	15	0.35	505.87	98.64	2.53
	25			207.77	207.77	13	0.29	415.53	81.03	2.08
	30			162.60	162.60	10	0.22	325.20	63.41	1.63
	20	0.25	1430	231.84	231.84	14	0.32	463.68	113.60	2.32
	25			190.44	190.44	12	0.26	380.88	93.32	1.90
	30			149.04	149.04	9	0.21	298.08	73.03	1.49
	20	0.3	1430	217.86	217.86	13	0.30	435.72	128.54	2.18
	25			178.96	178.96	11	0.25	357.92	105.59	1.79
	30			140.05	140.05	9	0.19	280.11	82.63	1.40

续表

粗骨料级配	目标孔隙/%	液固比	碎石/(kg/m³)	水泥/kg	砂/kg	含砂率/%	灰骨比	固体胶凝材料/kg	水/L	SR-4/L
2号(15～30mm)	20	0.2	1480	237.39	237.39	14	0.32	474.78	92.58	2.37
	25			192.22	192.22	12	0.26	384.45	74.97	1.92
	30			147.06	147.06	9	0.20	294.12	57.35	1.47
	20	0.25	1480	217.59	217.59	13	0.30	441.50	108.17	2.21
	25			176.19	176.19	12	0.26	388.82	95.26	1.94
	30			134.79	134.79	9	0.18	269.59	66.05	1.35
	20	0.3	1480	204.47	204.47	13	0.28	408.95	120.64	2.04
	25			165.57	165.57	10	0.22	331.14	97.69	1.66
	30			126.67	126.67	8	0.17	253.33	74.73	1.27
3号(20～40mm)	20	0.2	1530	221.91	221.91	13	0.31	443.81	86.54	2.22
	25			176.74	176.74	11	0.24	353.48	68.93	1.77
	30			131.57	131.57	8	0.18	263.14	51.31	1.32
	20	0.25	1530	203.40	203.40	12	0.28	406.80	99.67	2.03
	25			162.00	162.00	10	0.22	324.00	79.38	1.62
	30			120.60	120.60	8	0.17	241.20	59.09	1.21
	20	0.3	1530	191.14	191.14	12	0.26	382.27	112.77	1.91
	25			152.23	152.23	10	0.21	304.46	89.82	1.52
	30			113.33	113.33	7	0.16	226.66	66.86	1.13

3.3.4.2 植草混凝土试验结果分析

1. 植草混凝土的配合比参数的确定

(1) 粗骨料级配的确定。粗骨料级配与混凝土的多孔骨架结构有着最直接的关系，粒径大小影响着混凝土力学强度和孔隙率的改变。从图3.2可看出，使用20～40mm的大骨料粒径试件的28d平均抗压强度小于6.00MPa，最大值为7.10MPa；平均抗折强度为2.70MPa，最大值为3.10MPa。相比使用中小骨料粒径试件，其强度的降低主要是因为骨料粒径越大，比表面积越小，总胶结面积就越小，使得强度迅速降低，基本不能满足小河流抗压强度的目标要求。使用小粒径骨料试件的28d平均抗压强度达到8.40MPa，平均抗折强度为3.10MPa，最大值分别达到12.90MPa和4.10MPa，均大于中、大粒径的强度。可见使用小粒径的骨料增加了比表面积，使得胶结点的面积明显增大，可以达到强度提升的目的。使用中骨料粒径时，位于两者之间。虽然中、小粒径的骨料均能达到强度要求，但考虑到小骨料成型后的试块大空隙较少，对植物生长环境影响较大。所以选择中骨料粒径（15～30mm）作为多孔混凝土骨架的粗骨料能够达到强度要求。

(2) 合理液固比的选择。液固比主要影响植草混凝土的强度，也影响孔隙率。由图3.2可知，随着液固比的增大，植草混凝土的强度随之减小。究其原因，随着液固比的增加，不同粒径骨料在相同的液固比条件下所对应的胶凝材料的量减少，而胶凝材料的量是试块强度最主要的影响因素。当液固比为0.25时，植草混凝土在目标孔隙率为20%、

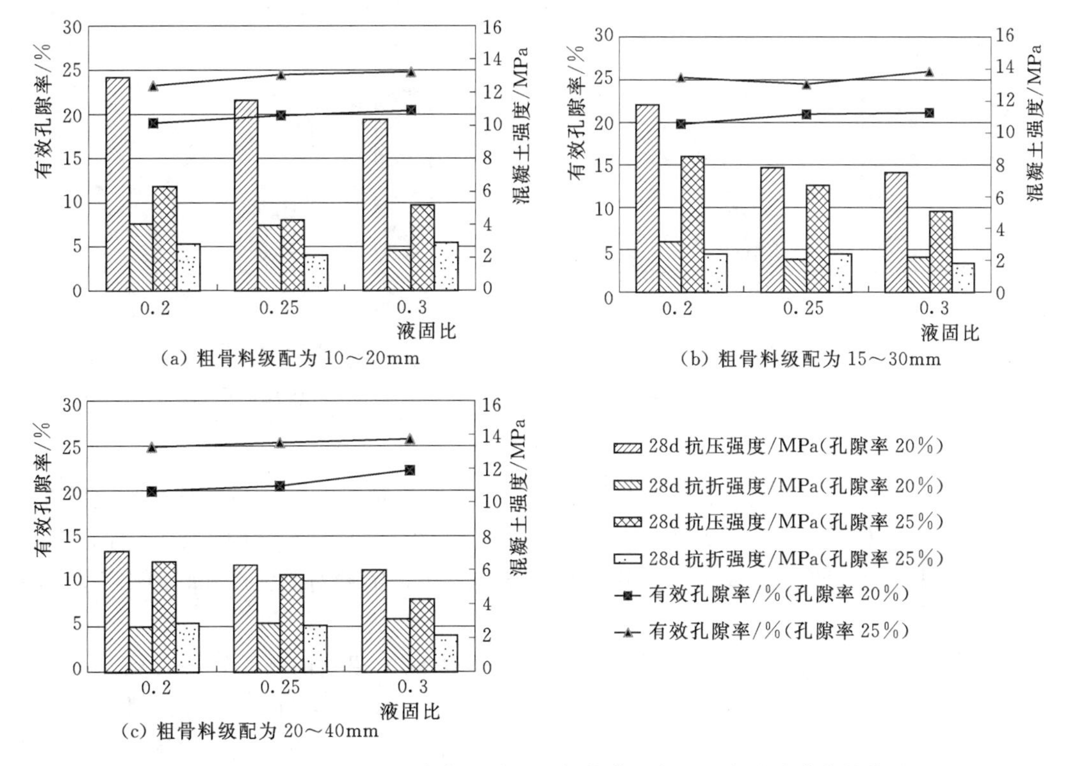

图 3.2 粗骨料级配变化条件下液固比与植草混凝土强度及孔隙率的关系

25%时试块28d养护期的抗压强度都大于7MPa。当液固比为0.20时，虽然植草混凝土试块在目标孔隙率为20%、25%时试块28d的抗压强度满足要求，但是实测孔隙率较目标孔隙率偏差较大。当液固比为0.30时，虽然植草混凝土试块实测孔隙率较目标孔隙率偏差较小，但28d养护期的试块抗压强度较7MPa偏小，不能满足小河流治理中护岸强度要求，究其原因，当液固比为0.20时，胶凝浆体较稠，流动性差，胶凝浆体会在骨料表面形成不均匀、较厚胶凝浆体膜，导致植草混凝土试块强度较高，但是孔隙率不能满足要求。当液固比为0.30时，胶凝浆体较稀，易产生离析和流浆等现象，会导致胶凝浆体积聚于植草混凝土底部，丧失胶凝浆体的作用，而且胶结后会形成一层致密的不透水层，致使植草混凝土丧失透水、植草等性能。综上所述，植草混凝土液固比设置为0.25更为合适。

(3) 含砂率的确定。由于植草混凝土骨架和孔隙结构的特殊性，含砂率的大小会直接影响到混凝土的强度和孔隙率。采用中粒径粗骨料的配合比参数下，目标孔隙率分别为20%、25%的条件下，分析了不同含砂率与混凝土强度的关系。

由图3.3可知，随着含砂率的增大，植草混凝土的强度也随之增大，而且增大幅度越来越大。究其原因，是由于细骨料河砂的加入，增加了混凝土的维勃稠度，使得粗骨料之间的接触点、面的数量增加，并且包裹粗骨料表面的胶凝浆体膜的厚度也增加，增加了骨料间的黏结力，使得植草混凝土的强度提高，适量细骨料的加入对植草混凝土的强度是有利的，但是掺入量不能过量，否则植草混凝土将变得密实，失去滤水保土的作用，故推荐

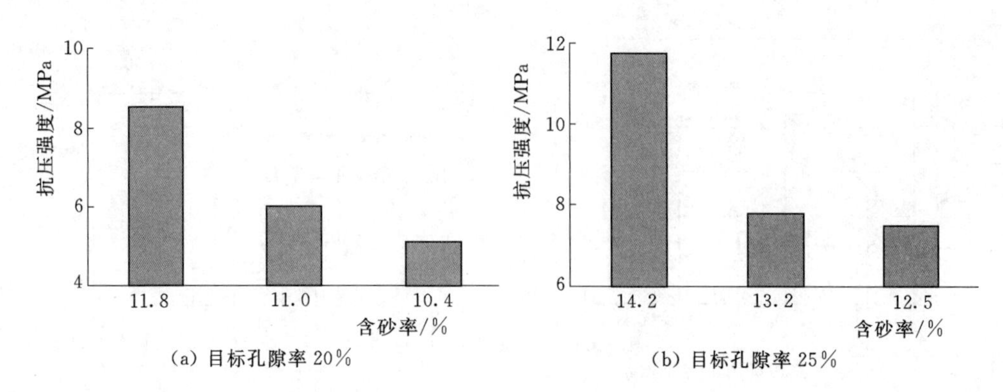

图 3.3 目标孔隙率变化条件下含砂率对混凝土28d抗压强度的影响

含砂率为10%～13%。

(4) 实测孔隙率的确定。植草混凝土不但要满足防洪抗冲要求，还要具有一定的孔隙率来满足透水、植生要求。植草混凝土的强度与孔隙率是一种负相关的关系，要制备出具有能满足工程要求强度又具有一定孔隙率的植草混凝土，需要对其强度和孔隙率之间的关系进行研究分析。

由图3.4可知：植草混凝土的孔隙率与其强度呈现负相关的关系，随着孔隙率的增加，强度越来越小，两者呈非线性关系，且孔隙率越大，抗压强度减小幅度越大，减少幅度在0.3～2.3MPa。究其原因，由于孔隙率的增加，胶凝浆体的量会随之减少，植草混凝土的骨架结构中骨料的胶结面积减少，而植草混凝土的强度主要来源于胶凝浆体之间的相互黏结。综上所述，目标孔隙率宜在20%～25%范围内。

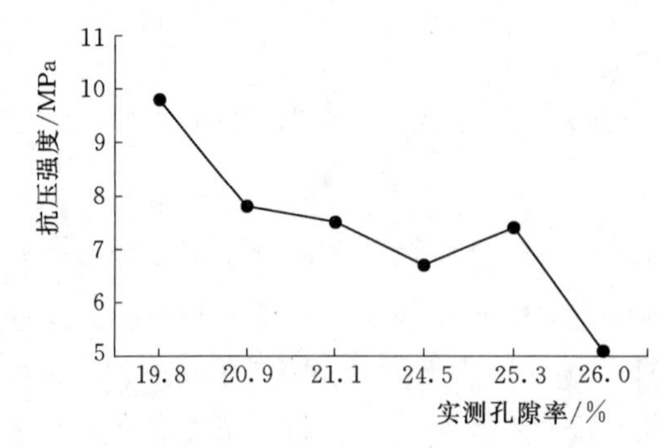

图 3.4 实测孔隙率对混凝土28d抗压强度的影响

(5) 植草混凝土理论最佳配合比的确定。综合分析以上因素对植草混凝土性能的影响，得出的理论最佳配合比见表3.8。

表 3.8 理论最佳配合比

粗骨料级配	液固比	碎石/(kg/m³)	水泥/kg	砂/kg	水/L	SR-4/L
15～30mm	0.25	1480	220	220	110	3

2. 单因素法调整组分用量

在配合比试验中，根据河砂与水泥1∶1混合时的胶凝浆体的密度，可以求得胶凝浆体的总量，进而通过液固比求得各胶凝材料的用量。试块在制备过程中，植草混凝土试块底部会出现比较严重的封浆现象。由于植草混凝土是一种和易性较小的生态材料，含砂率、用水量过高会使得混凝土的流动性加大，凝聚性和保水性均下降，混凝土试块易产生泌水、离析、流浆的现象，会使得胶凝浆体积聚于试块底部，导致试块的强度和透水性能很大程度上的降低。所以，在理论最佳配合比的基础上，通过单因素法，对理论最佳配合下的河砂用量、水泥用量、SR-4比进行了试验。在试验时，对理论最佳配合做了微小调整，具体如下：保证其他材料的量一定的条件下，把用水量调整为100L进行试验。

（1）河砂用量。在水泥、水、粗骨料、外加剂等用量相同的工况下，砂用量从0增加到250kg/m³，以50kg/m³递增。由图3.5可知：随着细骨料河砂用量的增加，使得试块强度逐渐上升，而孔隙率逐渐降低，并且细骨料河砂用量越多，相应的抗压强度增大幅度越大，孔隙率减少幅度也越大。其原因为细骨料的加入增加了胶凝浆体的量，即增加了粗骨料彼此之间的接触点与面积，使得胶凝浆体与粗骨料之间黏结强度增加，从而增加植草混凝土的强度；在植草混凝土中掺入了细骨料，降低了孔隙结构中粗骨料堆积时的空隙，使得孔隙率降低。当河砂用量小于150kg/m³时，试块的有效孔隙率大于25%，但是28d天抗压强度小于7MPa，抗折强度小于2MPa，而当河砂用量在250kg/m³时，虽然抗压、抗折强度分别高达12.90MPa与4.05MPa，但是有效孔隙率只有16.51%。在河砂用量为150～200kg/m³时，试块的抗压强度为8.15～9.75MPa，抗折强度为2.50～3.05MPa，实测孔隙率为22.76%～22.44%，与理论最佳配合比参数相近。

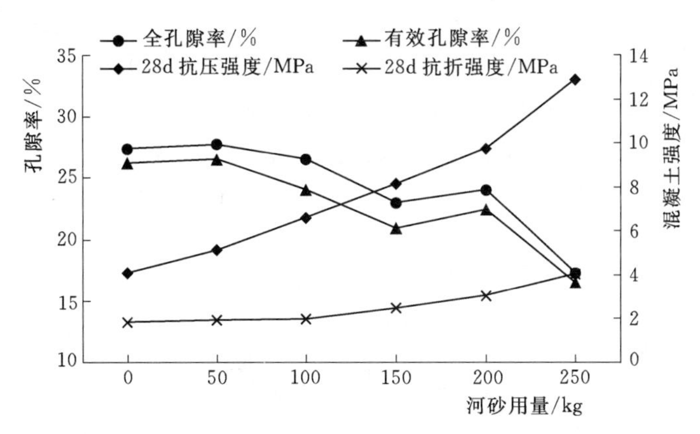

图3.5 不同河砂用量下对应的孔隙率与混凝土强度关系

（2）水泥用量。在水、砂、粗骨料、添加剂等材料用量不变的情况下，水泥用量由160kg/m³增加到310kg/m³，以30kg/m³递增。从图3.6可知，当水泥用量为220～250kg/m³时，植草混凝土试块28d抗压强度大于7MPa，有效孔隙率为23.2%～19.22%；而当水泥用量增加时，虽然试块抗压强度大幅度增加，但是孔隙率急剧减小，有效孔隙率小于20%；当水泥用量小于190kg/m³时，试块抗压强度小于7MPa。

（3）添加剂SR-4用量。SR-4添加剂最重要的作用是起到较好的降碱作用，其机理主要是通过添加剂的酸性物质与水泥水化的碱性产物反应，并生成致密保护层包裹骨料达到降碱效果。由图3.7可知，在砂、骨料、水等材料用量不变的情况下，SR-4掺量由水泥用量的1%增加到2.5%，每次增幅0.5%。混凝土的pH值一般达到11以上，但使用SR-4添加剂的混凝土明显降低了pH值，当添加剂使用量为水泥用量的1.5%以上时，pH值降低效果明显，为8.3以下；随着SR-4外添加剂的增加pH值减少趋势变缓。根据小河流的孔隙环境pH值应控制在9以内的要求以及经济效益考虑，SR-4掺合量在水泥用量的1.5%～2.5%范围为宜。

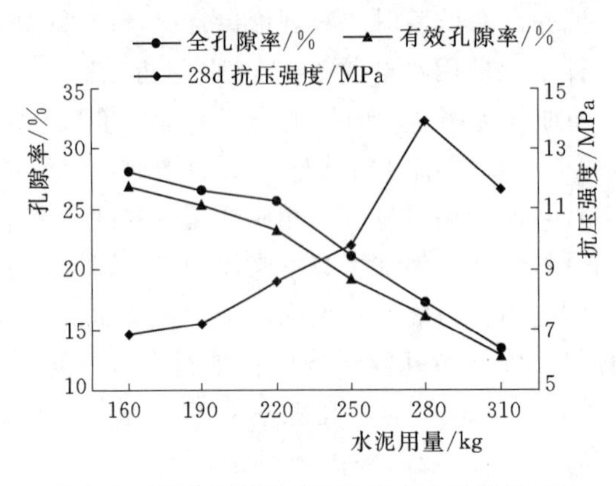

图 3.6 不同水泥用量下对应的孔隙率与 28d 抗压强度关系

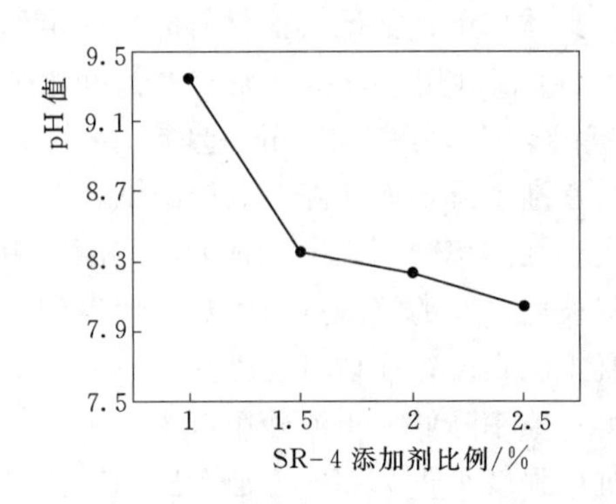

图 3.7 植草混凝土掺和 SR-4 添加剂比例与 pH 值关系

(4) 矿物质掺合料。通过以上对植草混凝土性能试验的分析与研究，可以得出影响植草混凝土性能的两项主要指标为混凝土强度和孔隙率大小。为了进一步探究和优化植草混凝土的性能，在基准最佳配合比下，分别使用硅粉、粉煤灰等矿物质掺合料进行试验，硅粉、粉煤灰等质量取代水泥，硅粉掺合比分别为5%、7%、10%；粉煤灰掺合比分别为20%、25%、30%。考虑到粉煤灰的成本低和在实际工程运用的广泛性的优点，通过单因素法调整河砂用量来进一步探讨粉煤灰与植草混凝土性能的关系，试验结果见表3.9。

表 3.9　　不同矿物质掺合料用量下的试块性能

编号	矿物质掺合料	掺合比/%	水泥/(kg/m³)	河砂/(kg/m³)	28d 强度/MPa		全孔隙率/%	有效孔隙率/%	pH 值
					抗压强度	抗折强度			
A1	硅粉	5	209	200	8.4	2.2	27.9	24.3	8.9
A2		7	204.6	200	8.6	2.5	29.4	23.9	8.5
A3		10	198	200	8.8	3.1	26.0	24.2	8.3
Ba1	粉煤灰	20	176	200	8.6	3.1	19.0	23.5	8.8
Ba2		25	165	200	9.1	3.0	21.2	25.7	8.7
Ba3		30	154	200	9.5	3.6	18.3	26.6	8.4
Bb1	粉煤灰	20	160	150	8.0	4.2	25.8	25.8	8.6
Bb2		25	150	150	8.4	2.9	28.5	28.5	8.5
Bb3		30	140	150	9.2	2.4	24.0	24.0	8.0
Bc1	粉煤灰	20	160	120	5.9	5.3	31.7	30.2	9.2
Bc2		25	150	120	6.5	2.0	31.0	29.5	9.5
Bc3		30	140	120	6.9	3.3	28.8	27.4	9.7

矿物质掺合料硅粉和粉煤灰的密度都比水泥密度小。当矿物质掺合料等量取代水泥时加入到胶凝材料中和骨料进行拌和时，矿物质掺合料的体积均大于水泥体积，使得胶凝浆体的体积增加，胶凝浆体与粗骨料之间的接触点、面积均增加，胶结层强度更大，使得混凝土试块强度增加，试验结果如图3.8和图3.9所示。

1）硅粉的影响。由图 3.8 可知：随着硅粉加入量从 0 增加到 10%时，试块的 28d 抗压、抗折强度呈增加的规律，且增加幅度较一致。当硅粉掺合比达到 10%时，抗压、抗折强度分别可以达到 8.8MPa、3.1MPa，而孔隙率呈下降的趋势。其原因为硅粉密度为 2.25g/m³，比水泥密度小。当用其等量取代水泥时，矿物质掺合料的体积都大于水泥体积，使得胶凝浆体的体积增加，胶凝浆体与粗骨料之间的接触点、面积均增加，胶结层强度

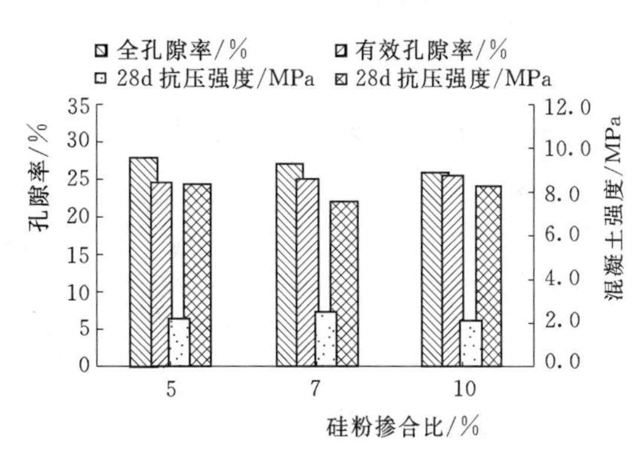

图 3.8 硅粉对试块孔隙率与混凝土强度的影响

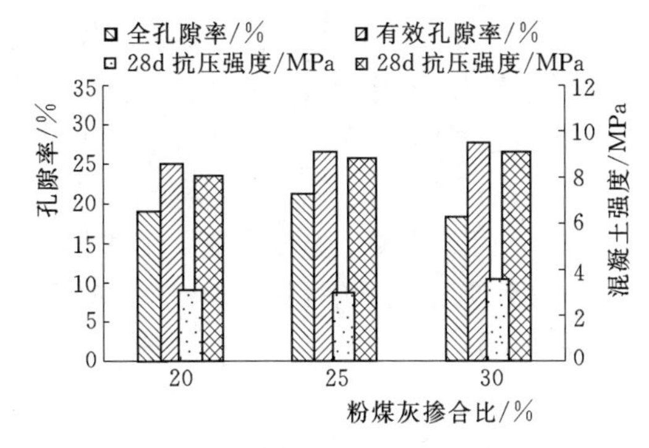

(a) 河砂用量 200kg/m³ 条件下

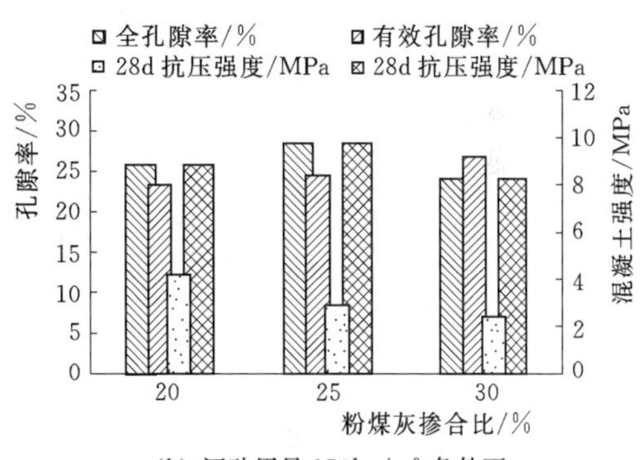

(b) 河砂用量 150kg/m³ 条件下

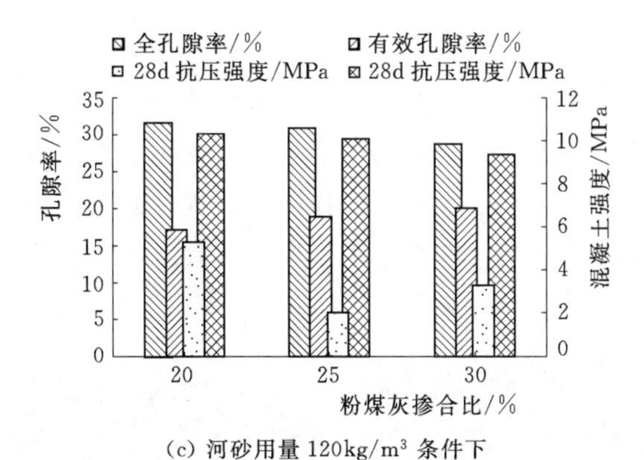

(c) 河砂用量 120kg/m³ 条件下

图 3.9 粉煤灰对试块孔隙率与混凝土强度的影响

更大，使得混凝土试块强度增加。

2）粉煤灰的影响。由图 3.9 可知：考虑到粉煤灰的成本低，实际工程运用多的因素，采用单因素法对粉煤灰与植草混凝土各项性能的关系进行了试验。加入一定量的粉煤灰对植草混凝土的强度有明显提高，当河砂用量为 200kg/m³ 时，按 5%、7%、10%掺合比的粉煤灰对应的植草混凝土的强度分别为 8.6MPa、9.5MPa、9.0MPa，而且试块的 pH 值低于 9，但前提是细骨料河砂的量不能太少。当河砂用量为 120kg/m³、100kg/m³ 时，植

草混凝土的抗压强度普遍低于 7MPa。

3. 植草混凝土实际可操作配合比的确定

根据以上试验数据分析，试验推荐的植草混凝土配合比见表 3.10。

表 3.10　实际可操作最佳配合比

粗骨料级配	碎石 /(kg/m³)	水泥 /(kg/m³)	砂 /(kg/m³)	水 /(L/m³)	SR-4 /(L/m³)	硅粉 /(kg/m³)
15～30mm	1430～1530	205～235	150～200	110～100	>3	10～15

3.3.5　施工工艺和要求

1. 植草混凝土制备工艺

在植草混凝土的制备过程中，必须严格按照植草混凝土植草推荐配合比和试块制备工艺流程图（图 3.10）进行制备。拌和好的植草混凝土拌和料要立即进行浇筑，植草混凝土铺筑时采用挖掘机缓缓倒入对应框格内，然后人工运至相邻框格摊铺平整，使植草混凝土厚度达到设计厚度，浇筑好后使用铁锹拍打密实。植草混凝土护岸现场施工工艺过程如图 3.11 所示。

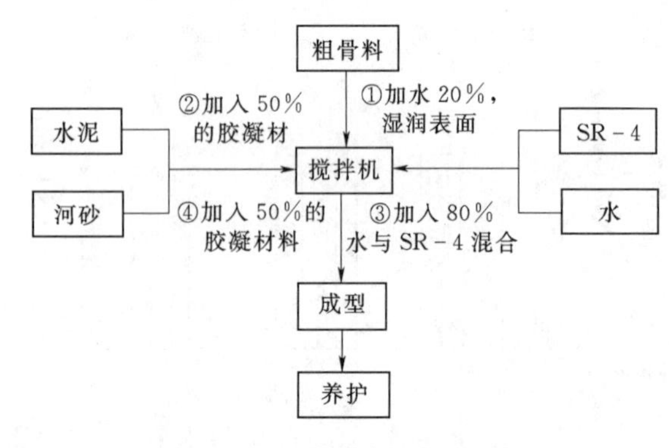

图 3.10　试块制备工艺流程图

2. 适生材料的制备与灌注

由于混凝土养分贫瘠且呈弱碱性，在种植土覆盖前，先将适生材料灌注到植草混凝土孔隙中，为植物发芽、初期生长提供必要的养分，保证草种的成活和生长，并引导植物根系向下生长、穿透植生混凝土扎入到天然土壤中。灌注时，按天然土壤：草木灰：长效复合肥为 1000：30：0.6 的配比制备适生材料，适生材料称量好，放入铁桶容器内，然后加入相应比例的水，搅拌使其溶解、拌和均匀，配置成糊状液体，再使用水泵将糊状液体灌注到植草混凝土孔隙内。适生材料灌注完成后，要及时覆盖 4cm 天然种植土，以提供草种发芽时的基床。

(a) 石笼网固脚铺设

(b) 边坡立模

图 3.11（一）　植草混凝土护岸现场施工工艺过程图（书后附彩图）

(c) 15～30mm单一粒径粗骨料　(d) 植草混凝土拌和料

(e) 摊铺平整　(f) 适生材料填充

(g) 覆盖天然种植土　(h) 浇水养护

图 3.11（二）　植草混凝土护岸现场施工工艺过程图（书后附彩图）

3. 草种的选择

草种的选择要适合当地流域生长的耐淹抗冲性，同时还要注意草种对季节的适应性，如狗牙根、高羊茅等。草种发芽以后直至长成幼苗的期间，必须早晚浇水养护，以保持土壤湿润，在草种生长过程中，要进行适时施肥。

3.4 反滤混凝土技术

3.4.1 材料选择

1. 水泥

反滤混凝土由于它本身多孔的特点，相同配比情况下会较普通混凝土的强度低，而强度又是保证其能够正常使用的条件之一。所以，在选择水泥的时候，尽可能地选择强度较高的、掺合料量较少的硅酸盐水泥或者是普通硅酸盐水泥。考虑到不同水泥强度等级对混凝土强度等会产生影响，试验中选择了P. O32.5和P. O42.5两种型号的水泥进行对比。

2. 粗骨料

反滤混凝土与普通混凝土相比，其骨料级配比较特别，为了保证其具有一定的孔隙率，不宜采用多级配或连续级配的骨料，而应该采用单一级配或不连续级配的骨料。在粗骨料的选择上，主要有人工碎石和天然河卵石这两种。由于天然河卵石级配连续，若要采用单一级配的河卵石必须经过过筛处理。另外，河卵石经过长期的水流冲刷表面已经变得十分光滑，若用它来拌制反滤混凝土，骨料与骨料之间的胶结面积小，会导致混凝土的强度降低。所以，选用粗骨料为具有单一级配的人工碎石。

粗骨料粒径的大小，应根据反滤混凝土结构的厚度和强度而定。通常所选粗骨料的粒径不能太大。有研究资料表明，粗骨料的粒径越小，其堆积孔隙率就越大，且颗粒间的接触点也会增加，从而所配制的反滤混凝土强度就会更高。反滤混凝土的颗粒级配是决定其强度和滤水保土性能的主要因素之一。为了保证反滤混凝土的强度及滤水保土的功能，选用的粗骨料为5～10mm的人工碎石。人工碎石具有棱角分明、表面粗糙、级配单一等特点，用它制备的反滤混凝土，在保证目标孔隙率的同时，还能够增加骨料之间的胶结面积，增大骨料之间的凝聚力，从而提高混凝土材料的强度。本试验所采用的粗骨料技术性能指标见表3.11。

表3.11　　反滤混凝土粗骨料技术性能指标

碎石粒径	表观密度/(kg/m^3)	堆积密度/(kg/m^3)	孔隙率/%
5～10mm	2730	1610	41

3. 细骨料

为了保证反滤混凝土能达到一定的强度要求，试验采用了少量的细骨料，细骨料采用河砂，其细度模数为2.1，其具体技术指标见表3.12。

表3.12　　反滤混凝土细骨料技术指标

河砂细度模数	表观密度/(kg/m^3)	堆积密度/(kg/m^3)	含泥量/%
2.1	2610	1495	3.8

4. 添加剂

本试验所采取的添加剂是一种名为SR-3的反滤混凝土专用型添加剂。它是由日本亚洲株式会社开发研制的一种生态混凝土添加剂，密度为1.044g/mL，是一种橘黄色的无机质悬浮液。SR-3是在以无机原料为基础上，以高分子功能性有机材料为基础，再通过特定的生产工艺制备而成的，可有效提高反滤混凝土的力学性能和耐久性能，确保孔径大小的可控性和孔隙排布的均匀性，使混凝土能与微生物、动植物和谐并存，很好地改善了混凝土与周边环境的协调性与亲和性。

SR-3添加剂主要含有四类有效成分，其主要作用是促进水泥的水化反应，确保骨料包浆不坍落，保障孔隙分布均匀和控制孔径大小；增加胶凝材料与骨料的附着能力，增强骨料间黏结层的强度，提高反滤混凝土的抗压强度、抗冲刷能力及耐久性；在骨料表面形成一层致密的保护层，从而提高反滤混凝土的抗化学侵蚀能力，防止 $Ca(OH)_2$ 从混凝土中析出，从而可以在一定程度上降低反滤混凝土的碱性，改善其与周围环境的亲和性；促进水生植物的光合作用，为水生动植物及微生物的栖息和繁衍提供良好的空间，能有效地促进水质的自然净化。在这些成分的共同作用下，使得反滤混凝土的力学性能和耐久性等得到提高，而且还改善了反滤混凝土的环境亲和性和协调性。此外，SR－3 添加剂还拥有良好的减水、促凝效果，从而保证了反滤混凝土具有良好的现场浇筑性能。

5. 水

采用普通自来水，其 pH 值为 6.9～7.1。

3.4.2 试验方法

3.4.2.1 反滤混凝土配合比设计指标

本书所述的反滤混凝土主要适用于小河流治理，它与普通混凝土是有所区别的。普通混凝土的主要设计指标就是混凝土的强度，混凝土的密实性越高则强度也会越高。也就是说，在制备普通混凝土的过程中，应尽可能地使用级配良好的骨料以及增大灰水比来提高混凝土的密实程度，尽量降低混凝土的孔隙率，从而使混凝土达到高强度的要求。但是，反滤混凝土由于其本身的特点，决定了它的设计指标不仅仅是强度这一个，还必须考虑到透水性、保土性、弱碱性和抗冲刷等多方面的性能。

混凝土的强度和孔隙率方面，为了提高强度，就需要尽可能地降低其孔隙率；而为了保证一定的孔隙率，又不得不以牺牲混凝土本身的强度为代价。所以，在配合比设计的过程中，必须要寻找到一个平衡点，使其既能够满足河岸护岸的强度要求，又能够有良好的反滤效果。就影响反滤混凝土的强度因素而言，包括水泥种类、水泥用量、水灰比和添加剂用量等，而其孔隙率的大小也和水泥用量、水灰比等有着直接的关联。换言之，反滤混凝土的 pH 值、强度、孔隙率和抗冲刷等性能之间的影响因子都有可能是相互的。所以，如何寻找到一种合适的配合比，使反滤混凝土的各项性能指标都能满足河岸护岸的基本要求就显得十分关键。

国内到目前为止，尚没有关于应用于河流治理反滤混凝土的规范和标准。所以，生态混凝土是参考《透水混凝土路面技术规程》(DB11/T 775—2010) 中透水混凝土的一些技术指标，再根据反滤混凝土本身的特点和适用范围制定的设计指标。反滤混凝土和道路用的透水混凝土它们的侧重点有所不同。前者主要是体现它的透水和反滤效果，而后者则更多的是考虑到它的抗压强度。由于反滤混凝土是位于常水位以下，对于河岸护坡的稳定性来说，强度当然也是要有保证的。通常认为，混凝土在 28d 龄期时的抗压强度应达到 10MPa 以上才能满足河岸护坡的要求；《透水混凝土路面技术规程》(DB11/T 775—2010) 中提到透水路面的孔隙率应维持在 11%～17%之间，由于反滤混凝土护岸是位于常水位以下，它对透水性能的要求更高，所以孔隙率应保证达到 18%以上；而对于混凝土的渗透性能来讲，渗透系数是反映其性能的一项重要指标，《透水混凝土路面技术规程》(DB11/T 775—2010) 中提到，用于道路透水混凝土材料其渗透系数应大于 1.05cm/s，所以反滤混凝土的渗透系数也至少应不低于 1.05cm/s；另外，为了不影响水中动植物和微生物的生存，反滤混凝土的pH设计值控制在9左右。

3.4.2.2　反滤混凝土配合比设计方法

与普通混凝土不同，反滤混凝土所需要考虑的不单单只是强度的问题，还包括孔隙率和pH值等，所以应对其配合比设计方法进行分析，选择出一种比较适合的方法。反滤混凝土的配合比设计受多方面因素的影响，其中包括水泥的品种、水泥用量、细骨料的掺量、添加剂的用量以及制备过程中人为因素和成型养护条件等。由于该混凝土是用作河岸护坡材料，所以，在进行混凝土的配合比设计时，应该将孔隙率作为重点的考虑对象，一般以骨料被水泥浆体所充分包裹而且没有很严重的泌浆现象为宜。常见的混凝土配合比设计方法主要包括：质量法、体积法、正交试验法、计算公式法和比表面积法。

1. 质量法

所谓质量法，即是通过经验图表的方式，大致地计算出混凝土各种原材料的用量，这样的话就可以很好地简化混凝土配合比设计的计算过程。但是该方法对于填浆量的大小而言，没有很可靠的依据，也就是说对混凝土的孔隙率没有保证。但是对于反滤混凝土，孔隙率是必须要求的一项指标，如果用质量法进行配合比设计，那么它所要求的孔隙率也许将很难达到。

2. 体积法

体积法是在进行多孔混凝土配合比设计时一种常见的方法。体积法的基本原理就是假设所制备的混凝土拌和前后遵循体积守恒定律，即将混凝土看成是由粗骨料，水泥、细骨料、添加剂和水所组成的胶凝浆体以及混凝土孔隙率这三大部分构成。试验时，通过设定一定的目标孔隙率来确定混凝土中其他材料的用量，最后得出混凝土的配合比。

3. 正交试验法

在制备反滤混凝土的试验过程中，混凝土性能的影响因素是多方面的，所以有必要对各个因素进行研究。若采全因素全试验的方法，假设因素的数量为4，各因素的水平数相同都为4，则所需要的试验次数就是次数$4^4=256$次；再比如，上述4个影响因素同时有6个水平的话，那么所需试验次数则为$6^4=1296$次。很显然，虽然全试验法能很全面地分析各个因素对混凝土性能的影响，但是它却是以需要以大量的试验过程为代价，就会给试验研究带来很大的工作量，浪费大量的人力和物力。正交试验法则以部分试验来代替全试验的方法，在试验时，通过SPSS等正交试验设计软件挑选出有代表性的试验组进行试验，通过对所挑选出的代表性的试验组进行试验结果分析，了解试验试块的基本情况，从而可以对混凝土的配合比进行优化。

4. 计算公式法

根据已知材料性能及所需强度等级和密度，在确保混凝土稠度的前提下，以采用最小的水泥用量为原则，进行配合比设计。该方法利用的是混凝土拌和前后质量守恒的原理，认为1m^3混凝土的质量，是由紧密堆积状态下的骨料质量、水泥质量、水质量和添加剂质量之和。它是以配制的混凝土强度为控制指标，再根据经验公式确定单位体积混凝土中的水泥用量，进而确定合理的水灰比和骨料用量。

5. 表比面积法

比表面积法的设计基本思路就是以粗骨料的表面积乘以一定的胶凝浆体的厚度，从而得出混凝土所需的填浆量，进而计算各种材料用量。它是以传统的混凝土骨料由胶凝浆体包裹为设计依据，其缺点也显而易见，就是要事先算出骨料的表面面积，由于所用骨料大多数都是不规则的几何体，所以在计算骨料表面面积时，也是采用近似估算法，这样试验误差就不可避免的；另外所包裹的胶凝浆体的厚度也必须经过多次试验才能够得出合理的结果。从目前来讲，用这种方法进行混凝土配合比设计的比较少见。

综合考虑，反滤混凝土试验将用体积法和正交试验法两者相结合的方式来进行配合比设计，以期可获得一组能适用于小河流治理的反滤混凝土配合比。

3.4.2.3 反滤混凝土配合比计算

混凝土配合比设计的基本思路是：先用体积法，根据所设目标孔隙率得出粗骨料和胶凝浆体的用量，根据一些通用公式和技术规程得出粗骨料用量以及胶凝浆体（包括水泥、河砂、添加剂和水）的用量的大致范围；再用正交试验法，分别以水泥、河砂、添加剂和水为影响因素，以各自的用量多少为水平得出正交试验表；最后对试验数据进行处理分析，以反滤混凝土的设计指标为参考标准，得出一组能符合要求的配合比设计。

体积法是在粗骨料紧密堆积状态下的孔隙率前提下，根据所设的目标孔隙率，经过计算得出各种材料用量。其具体的配合比计算过程为：

假设制备 $1m^3$ 的反滤混凝土，其满足的公式如下：

$$\frac{M_g}{\rho_g}+\left(\frac{M_c}{\rho_c}+\frac{M_s}{\rho_s}+\frac{M_w}{\rho_w}+\frac{M_t}{\rho_t}\right)+P=1 \tag{3.7}$$

式中 M_g、M_c、M_s、M_w和 M_t——分别为 $1m^3$ 反滤混凝土中碎石、水泥、河砂、水和添加剂的用量，kg；

ρ_g、ρ_c、ρ_s、ρ_w和 ρ_t——分别为碎石、水泥、河砂、水和添加剂的表观密度，kg/m^3；

P——目标孔隙率，%。

经过试验测定，得知：$\rho_g=2730kg/m^3$，$\rho_c=3120kg/m^3$，$\rho_s=2610kg/m^3$，$\rho_w=1000kg/m^3$，$\rho_t=1045kg/m^3$。

参考郑木莲等《基于正交试验的多孔混凝土配合比设计方法》，首先确定粗骨料的用量，计算公式如下：

$$M_g=\rho_{gd}\times\gamma \tag{3.8}$$

式中 M_g——反滤混凝土粗骨料用量，kg/m^3；

ρ_{gd}——反滤混凝土中，粗骨料紧密状态下堆积密度，kg/m^3；

γ——折减系数，可取值 0.96～0.98。

不同粗骨料略有差异，为方便起见，本试验取 $1550kg/m^3$。得出碎石的用量之居，再根据公式（3.7），把 $1m^3$ 反滤混凝土的体积看作是由粗骨料（碎石）的体积 V_1、胶凝浆体（水泥、河砂、添加剂和水）的体积 V_2和孔隙体积 V_3三大部分构成。那么，由所求碎

石用量就可以知道 $1m^3$ 混凝土中碎石所占体积 V_1，再根据设定的目标孔隙体积 V_3（即目标孔隙率 P），可以得出所需胶凝浆体的体积：

$$V_2 = 1 - V_1 - V_3 \tag{3.9}$$

在反滤混凝土的配合比试验中，添加剂 SR-3 与水是混合均匀后使用，而河砂和水泥也是混合后才掺入拌和的（河砂在整个混凝土的制备过程中起到的是灰料的作用）。所以，用液体（水和 SR-3）与固体材料（水泥和河砂）之比来代替水灰比进行配合比的计算。由于组成胶凝浆体的材料，其表观密度都已通过试验测得，由式（3.10）可知，

$$M_c + M_s + M_w + M_t = A \tag{3.10}$$

式中 A 为定值，又因为在液固比一定的情况下，（$M_c + M_s$）和（$M_w + M_t$）的值也都是定的，设为 B，用公式可表示为

$$\frac{M_w + M_t}{M_c + M_s} = B \tag{3.11}$$

根据式（3.10）和式（3.11），再结合《透水混凝土路面技术规程》（DB11/T 775—2010）所推荐的每立方米透水混凝土中材料的用量：

胶凝材料：300～450kg；

水胶比：0.28～0.32。

根据经验知，$1m^3$ 混凝土中水泥的用量在 250kg 左右，而 SR-3 综合考虑其效果和经济问题，一般控制在 $5L/m^3$ 以内。举例来说，假如设定目标孔隙率为 20%，水灰比定为 0.29，水泥用量 $250kg/m^3$，SR-3 用量 $5L/m^3$，那么可算出河砂用量为 $118kg/m^3$ 和水的用量 $102kg/m^3$。如果这样试算下去，将会出现很多种配合比。利用正交试验的方法，通过以水泥、河砂、SR-3 和水为影响混凝土试块的因素，以各自在单位体积混凝土中的用量为水平来设计正交配合比设计。采用的是 4 因素、5 水平的同水平正交表，用 $L_{25}(5^4)$ 表示，总共需要完成 25 次试验。最后通过对试验结果进行分析，选出一组能符合反滤混凝土各项技术指标的配合比。以下是反滤混凝土配合比试验正交设计因素水平见表 3.13。

表 3.13　反滤混凝土配合比试验正交设计因素水平表

水平	影响因素（$1m^3$ 用量）			
	水泥/kg	河砂/kg	SR-3/L	水/L
1	170	20	0	94
2	210	60	1.5	95.5
3	250	100	3	97
4	290	140	4.5	98.5
5	330	180	6	100

根据上述正交设计因素水平表，用 SPSS 正交软件进行正交设计，得出表 3.14 反滤混凝土配合比正交设计表。

表 3.14　　反滤混凝土配合比正交设计表

试验编号	组成材料用量（$1m^3$用量）				液固比
	水泥用量/kg	砂子用量/kg	水用量/L	添加剂用量/L	
1	170	180	100	0	0.29
2	170	140	94	3	0.31
3	170	100	95.5	6	0.38
4	210	180	94	6	0.26
5	210	100	97	4.5	0.33
6	210	140	95.5	1.5	0.28
7	210	60	98.5	0	0.36
8	250	180	95.5	4.5	0.23
9	250	140	97	0	0.25
10	250	100	98.5	3	0.29
11	250	60	100	6	0.34
12	250	20	94	1.5	0.35
13	290	180	97	3	0.21
14	290	140	98.5	6	0.24
15	290	100	100	1.5	0.26
16	290	60	94	4.5	0.28
17	290	20	95.5	0	0.31
18	330	180	98.5	1.5	0.20
19	330	140	100	4.5	0.22
20	330	100	94	0	0.22
21	330	60	95.5	3	0.25
22	330	20	97	6	0.29

注　表 3.14 已剔除泌浆现象严重、透水能力低的组。

3.4.3　反滤混凝土的制备与性能分析

3.4.3.1　反滤混凝土试块的制备原理

反滤混凝土与普通混凝土有所不同，它要求具有高透水、大孔隙率和低碱等特点。换而言之，就是要求骨料和浆体都处于连续状态，并且还要保证有一定的贯通性孔隙存在。为了不影响水体中动植物以及微生物的正常生长，还要保证它的 pH 值在一定的范围内。要使混凝土处于这种状态，须让胶凝浆体的体积小于骨料紧密堆积状态下的总孔隙的体积。搅拌过程中，让水泥浆体紧紧地包裹住处于紧密堆积状态下的粗骨料，再经过凝结硬化，最后形成一种骨架-孔隙结构。那些没有被水泥浆体填充的孔隙结构就可能形成连续贯通的透水通道，这样就能达到滤水的效果，从而也为水中生物的栖息繁衍提供了有力的场所。另外为了达到反滤混凝土保土的效果，必须严格控制骨料的选择。若所选的骨料粒径过大，则土颗粒在雨水的冲刷之下就会被带走，慢慢的岸坡被掏空导致失稳；反之，孔径太小则达不到所要求的滤水保土效果，自然而然也就失去了反滤混凝土本身的意义。另一方面，胶凝浆体用量的多少，也会直接影响到混凝土的强度和孔隙率之间的关系。再者，普通混凝土的强碱性致使大多数生物都无法在上面生存，因此有必要在混凝土的制备过程中添加一种能降低混凝土碱性的功能性添加剂。

3.4.3.2　反滤混凝土试块的制备工艺

在整个混凝土试块制备过程中，采用了两种拌制方式：一种是利用小型搅拌机进行机械搅拌，另一种则是人工手动拌制。下面将分别对这两种不同的制备工艺的拌制流程进行阐述。

试验时，将准备好的原材料分批次进行投放。首先，将干燥状态下的碎石、河砂和水泥按顺序依次投入搅拌机中，空搅 30s，使三者之间能均匀、充分的混合；然后，将一半的水量缓缓地加入搅拌机中搅拌 60s；最后，将剩余的水与 SR-3 均匀混合后，再慢慢地注入搅拌机中，搅拌 120s 卸料。卸料之后，就开始混凝土料的装模，在装模之前先必须对试模内表面进行刷油处理，以利于后面的拆模和防止试模生锈。在装模过程中，填装好的混凝土料不能直接用机械振捣的形式进行振捣。原因是因为混凝土的骨料级配单一，孔隙率大，如果使用机械振捣的话很容易使水泥浆体下流，集中在混凝土试块底部形成厚厚的水泥浆层，这对于反滤混凝土来说是十分不利的。所以，用人工插捣的方式代替了机械振捣。具体做法是，先将骨料填满至试模的 1/3 处，然后用振捣棒人工插捣十次左右，再后依次将骨料装至试模的 2/3、装满试模，也是用同样的方法插捣；待混凝土料装满整个试模，再用铁板稍微拍实后抹平试块表面。

在制备要测抗压强度的试块时，还要多一道封浆工序，目的是使受压试块的上下表面均匀平整，尽量减少因试块表面的凹凸不平而给试验结果带来误差。具体做法是，在试模填装之前先抹一层较薄水泥浆，然后使其均匀摊开布满整个试模底部，水泥浆层的厚度大概在 5mm 左右，然后按同样的方法装填混凝土料。不同的地方在于，在装填最后 1/3 混凝土料时，要预留出 5mm 左右用于试块上表面的封浆。所制备的混凝土试块如图 3.12 所示。

3.4.3.3　反滤混凝土滤水保土性能的测定

在测定反滤混凝土的渗透系数和滤水保土性能时，目前市场上很少有专门用于多孔混凝土渗透系数测定的商品。所以，课题组采取自制试验仪器的方法来解决这一问题。下面是设计出来的一款测定反滤混凝土渗透性和反滤性的试验装置，装置结构示意图和自制试验装置如图 3.13 所示。

图 3.12　制备的混凝土试块

通常采用的多孔混凝土性能测定装置大多是自制的，但仍存在一些问题。其中包括：不能在恒定水头下测试，密封性不够良好，装置结构不是很稳定以及试验装置功能太单一等多项问题。这样就会出现试验误差较大，试验效

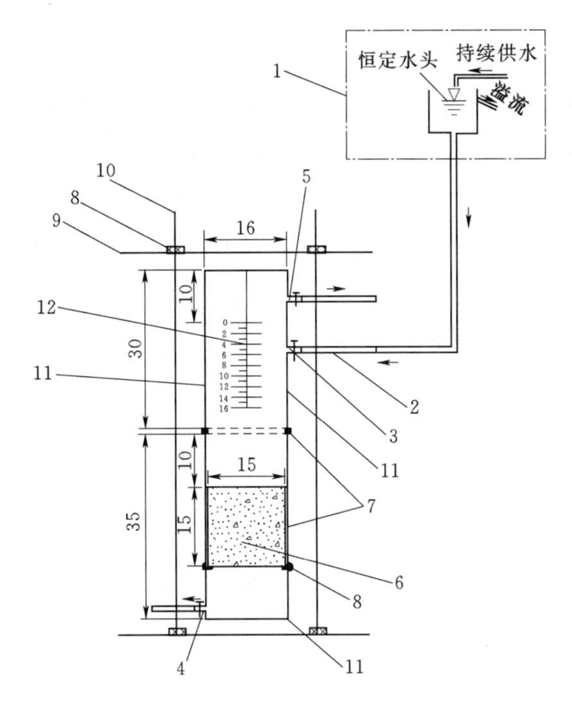

图 3.13 试验装置结构示意和自制试验装置

1—恒定水头装置；2—橡胶导水管；3—进水口；4—出水口 1；5—出水口 2；6—试验试块；7—止水橡胶；8—螺栓；9—木板；10—支杆；11—透明长方体水筒；12—刻度尺

率太慢等现象。自制试验装置针对以上所提到的问题，做了一些改进措施，它的优点在于：①本试验是在恒定水头装置下进行的，相比变水头试验来讲，能够更好地反应混凝土试块的真实效果；②该装置的固定支架其支杆上设有伸缩螺栓，配合底部基座和上面盖板能够稳稳地将装置的中间部分固定，增加两个长方体水筒的衔接稳定性，再配合止水橡胶等材料使其达到完全密封的状态；③该试验装置具有多功能性，不仅能测定出多孔混凝土的有效孔隙率、渗透系数，还能测定出反滤混凝土的滤水保土性能三项指标，大幅度得提高了试验效率。

在测定反滤混凝土渗透系数的试验时，参考了陈志山的《大孔混凝土的透水性及其测定方法》来确定渗透系数 K 的，渗透系数是反映反滤混凝土渗透性能的重要指标。在恒定的水头下，单位时间内透过反滤混凝土的水量与其透水横截面面积成正比，与其透水厚度成反比。反滤混凝土试块在水温 T℃下的渗透系数可以通过式（3.12）来计算：

$$K_T=\frac{Q\times L}{H\times A\times \Delta t} \tag{3.12}$$

式中 K_T——T℃下，混凝土试块的渗透系数，cm/s；

Q——Δt 时间内的透水量，cm^3；

L——混凝土试块的高度，cm；

H——试验的水头差，cm；

A——混凝土试块的横截面面积，cm^2；

Δt——试验测定所需的时间间隔，s。

在试验之前，先测定并记录好试验用水的温度。因为水的黏度与水的温度密切相关，因此将测定的试验结果换算成15℃的标准温度下的透水系数，设为K_{15}。日本混凝土工学协会以15℃作为标准温度，其计算公式为

$$K_{15}=K_T\times\frac{\eta_T}{\eta_{15}} \tag{3.13}$$

式中 K_T——T℃下，混凝土试块的渗透系数，cm/s；

K_{15}——15℃下，混凝土试块的渗透系数，cm/s；

η_T——T℃下，水的黏度，$10^{-2}\times0.1\text{Pa}\cdot\text{s}$；

η_{15}——15℃下，水的黏度，$10^{-2}\times0.1\text{Pa}\cdot\text{s}$，具体数值参考表3.15。

表3.15 不同温度下水的黏度

温度 T/℃	0	1	2	3	4	5	6	7	8	9	10
黏度 η/℃	1.792	1.731	1.673	1.619	1.567	1.519	1.473	1.428	1.386	1.346	1.308
温度 T/℃	11	12	13	14	15	16	17	18	19	20	20.2
黏度 η/℃	1.271	1.236	1.203	1.171	1.140	1.111	1.083	1.056	1.030	1.005	1.000
温度 T/℃	21	22	23	24	25	26	27	28	29	30	31
黏度 η/℃	0.981	0.958	0.936	0.914	0.894	0.874	0.855	0.836	0.818	0.801	0.784

测定反滤混凝土试块渗透系数的试验装置如图3.14所示，其具体步骤是：

图3.14 混凝土试块渗透系数测定装置

(1) 取出标准混凝土试块，用石蜡等密封材料涂抹于试块的侧面四周，目的是保证试验时有一个稳定的透水截面面积。

(2) 将做好密封处理的试块轻置于下半部透明长筒内，其上部边缘用少量橡皮泥密封好，以防止水从侧壁往下流，将透明长筒闭合，中间用橡皮泥密封好。

(3) 调整好固定装置，均匀旋紧四颗螺栓，让盖板水平地压紧长筒，使装置稳定。

(4) 用水温计测量出试验用水的温度T。

(5) 将恒定水头装置的水槽内装满水，并用橡胶管使其与渗透装置连接好。

(6) 打开进水口的开关和出水口2的开关，使装置内气体排尽并充满水后，将出水口2开关关闭。

(7) 打开出水口1的开关，待装置补水平衡之后，用秒表记录用时Δt。

(8) 关闭试验装置开关，并用量筒量出Δt时间内流出的水量Q。

(9) 记录好相关试验数据，并计算出反滤混凝土的渗透系数。

在测定反滤混凝土滤水保土性能时，试块的滤水保土试验与测定渗透系数的试验步骤类似，不同的是试验时会在混凝土试块的上表面放一层具有一定压实度的土层，以此作为

被保护土层来进行滤水保土性能的测定。试验所采用的土体容重为 1.2g/cm³，土层厚度取 5cm。在试验过程中，发现当采用含沙量为 10%和 30%的黏性土进行试验时，水的渗流速度十分缓慢。为了合理安排试验时间和加快试验速度，决定将试验用土的含沙量增加至 50%。经过试验测得土体的初始含水率为 4.5%，试验所用水头为 25cm，由恒压供水装置提供（图 3.15）。

图 3.15　混凝土试块滤水保土性能测定（书后附彩图）

试验过程中记录好从开始加水至试块底部初试渗流所用的时间，待渗流稳定后，再测出每组试块 1min 内的渗流量。试验结束后，将从试块底部渗流出的液体摇匀，并用 100mL 烧杯量取一定量的体积。发现所得水样的浑浊度都不是太明显，有的甚至十分清澈，用肉眼很难观察到泥沙的存在，如果直接用烘箱将烧杯中液体烘干，然后称量的话，可能会存在较大的试验误差。为了能更精确的区别不同孔隙率下所测液体含泥沙量，试验借鉴《水和废水监测分析方法》中测定悬浮物的方法来测定水体的含泥量。用废液抽吸装置，试验时将待测液体过孔径为 0.45μm 的滤膜，经 105℃烘干后就可得到残留物的含量。

3.4.3.4　反滤混凝土性能的分析

1. 抗压强度性能

反滤混凝土的抗压强度是作为其能否运用于小河流治理的一项重要参考指标，混凝土强度的大小直接影响着河岸护坡的稳定性。通过水泥的种类、水泥的用量和 SR－3 添加剂的用量等指标分析对混凝土抗压强度的影响。

（1）水泥种类和用量对混凝土抗压强度的影响。首先是研究水泥种类对反滤混凝土的抗压强度影响。试验试块的制备过程中，保证各种原材料的用量一致，只是在水泥的使用时，分别用了 P.O42.5 和 P.O32.5 两种强度等级的水泥；在分析水泥用量时，采取单一变量的原则，保证每次制备试块的碎石、河砂、SR－3 和水灰比不变的情况下，逐渐增加水泥的使用量。

由图 3.16 可知：在水泥用量相同的情况下，使用 P.O42.5 水泥所制备的试块，其抗压强度明显要比使用 P.O32.5 水泥的高；另外，1m³ 混凝土中，当 P.O32.5 水泥的使用量在 250kg 时，试块的 7d 抗压强度还不到 8MPa，很难达到所要求的抗压强度设计指标。

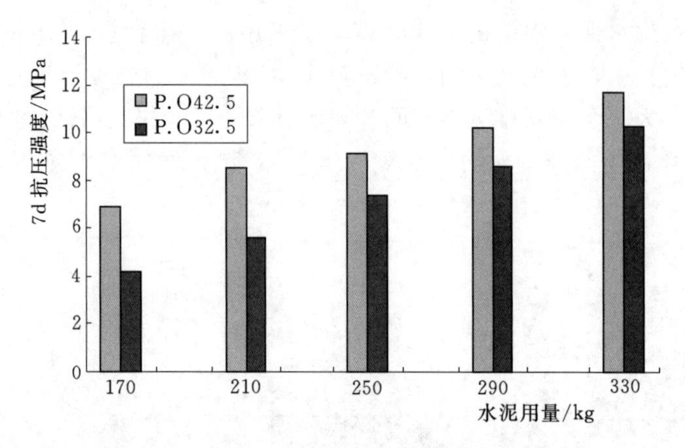

图 3.16 水泥用量、种类与抗压强度的关系图

所以，采用 P. O42. 5 水泥对于提高混凝土抗压强度等级来说是有利的。

另外，由于国内尚无关于应用于河流治理的反滤混凝土的规范和标准，本书在参考《透水混凝土路面技术规程》(DB11/T 775—2010) 中混凝土技术指标的基础上，再根据反滤混凝土本身的特点和适用范围，提出其 28d 抗压强度达到 15MPa 左右即满足要求。在满足混凝土强度要求条件下，从混凝土孔隙率和经济效益等方面考虑，水泥用量选 250～280kg/m³ 为宜；对应的，满足混凝土强度要求的水灰比可取 0.29～0.39，相应水用量则为 72.5～97.5L/m³。

(2) SR-3 添加剂对混凝土抗压强度的影响。水泥、砂、石子等不变，每组试块中添加剂的量逐渐增加，由于每组有 6 个尺寸为 15cm×15cm×15cm 的试块，每组试块中添加剂的量从 0～200mL 均匀递增，每次用量比上一次多 40mL。换算成 1m³ 混凝土中添加剂用量，即得到如图 3.17 所示的 SR-3 用量与混凝土抗压强度的关系图。从图中可知，随着 SR-3 用量的增加，混凝土试块的抗压强度确实有所提高，但是其效果不是太明显。从混凝土 pH 值和经济效益等方面综合考虑，建议每立方米混凝土的添加剂用量在 5L 左右即可。

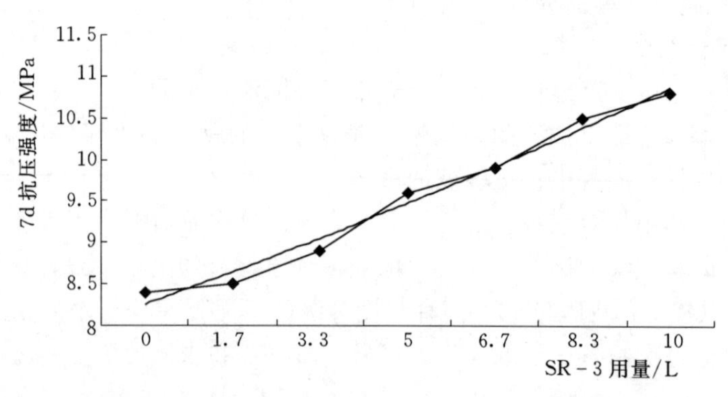

图 3.17 SR-3 用量与混凝土抗压强度的关系图

2. 河砂用量对混凝土性能影响

砂率是单位体积的反滤混凝土内，河砂的含量占河砂和碎石总质量的百分比。由于反

滤混凝土结构的特殊性，砂率的大小很有可能直接影响到其孔隙率和渗透系数，甚至还会影响到混凝土的强度。$1m^3$ 反滤混凝土中各材料用量的试验配合比见表 3.16。

表 3.16　　试验配合比表

编　号	水泥/kg	碎石/kg	河砂/kg	水/L	SR-3/L	水灰比	砂率/%
1	250	1550	0	95	5	0.38	0.00
2	250	1550	20	95	5	0.38	1.27
3	250	1550	40	95	5	0.38	2.52
4	250	1550	60	95	5	0.38	3.73
5	250	1550	80	95	5	0.38	4.91
6	250	1550	100	95	5	0.38	6.06
7	250	1550	120	95	5	0.38	7.19
8	250	1550	140	95	5	0.38	8.28
9	250	1550	160	95	5	0.38	9.36

（1）砂率与混凝土抗压强度的关系。利用表 3.16 的配合比进行试验试块的制备，在标准养护室养护 7d 后，测量有封浆的各组试块，每组试块的试验结果取其平均值，记录其试验结果并分析，得到如图 3.18 所示的砂率与抗压强度的关系图。由图 3.18 可知，随着单位体积混凝土中砂率与混凝土试块的强度呈正相关关系，即随着砂率的变大，混凝土试块的强度也随着增强。但是从所得趋势线的斜率来讲，砂率对于混凝土强度的影响不是很大，实际应用是应该结合砂率对混凝土其他性能的影响程度来确定河砂的用量。

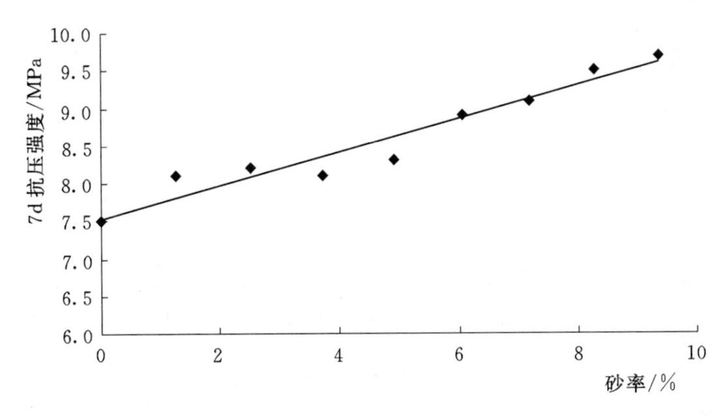

图 3.18　砂率与抗压强度的关系图

反滤混凝土在加入没有细骨料（河砂）的时候，其透水性非常好，但是混凝土的强度有所偏低；细骨料掺入过量时，虽然对于提高混凝土强度来说有利，但是其孔隙率和渗透系数都将会减小，从而影响该混凝土的透水性。所以，在制备反滤混凝土时应适量的掺入细骨料，这样既有利于提高混凝土的强度，也不会对其透水性和反滤性能产生影响。

（2）河砂用量与孔隙率及渗透系数的关系。河砂用量与孔隙率及渗透系数的关系如图 3.19 所示：孔隙率、目标孔隙率、有效孔隙率、渗透系数与河砂用量均呈现负相关。满足河岸护坡的反滤混凝土孔隙率要求在 20%～30%之间。试块制备过程中发现，当河砂

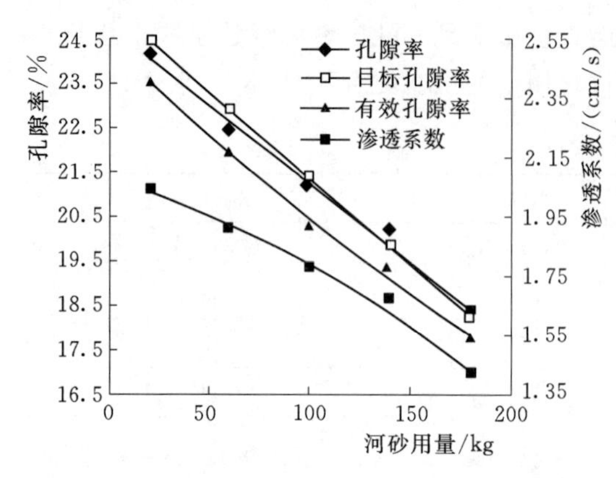

图 3.19　河砂用量与孔隙率及渗透系数的关系

的用量高于 100kg/m³ 时，试块孔隙率将低于 20%，反滤混凝土的透水性能降低；另外，试验过程中由于受到人为等其他因素的影响，在河砂用量高于 100kg/m³ 时，试块的目标孔隙率很难得到保证；同时，河砂用量过低则混凝土强度会有所下降。因此，综合反滤混凝土孔隙率和抗压强度两方面因素考虑，河砂的用量取 80～100kg/m³ 为宜。

3. 滤水保土性能的分析

本次试验采用不同砂率（即孔隙率不同）的情况下的一组混凝土试块，具体配合比见表 3.16。通过测定得到一组与反滤混凝土滤水保土性能有关的数据，如表 3.17 所示，试验中主要测得试验用土的容重 1.2g/cm³，渗流横截面积 225cm²，每组试块的是初试渗流时间，渗流稳定后的渗流速度以及透过不同试块每 100mL 水样中的泥沙的含量。

表 3.17　　试验数据表

编号	初始渗流时间/s	渗流速度/(cm/min)	平均含泥沙量/mg
1	72	0.74	1.12
2	75	0.74	0.98
3	79	0.68	0.90
4	86	0.66	0.85
5	90	0.61	0.73
6	96	0.59	0.50
7	104	0.58	0.51
8	105	0.57	0.39
9	114	0.51	0.16

从初始渗流的时间来看，随着孔隙率的减小水流透过试块初始渗流的时间越来越长，而单位时间内通过试块的水量却越来越少；另外，随着孔隙率的增大，透过试块的水体中泥沙含量也越来越高，但是从整体上来说，试验所测得的水体中泥沙含量都是很低的，这就说明了混凝土试块的保土效果均较好。

4. pH 值

为了保证反滤混凝土的生态性、与生物的协调适应性和符合当今可持续发展的潮流趋势，需要通过一定的手段来降低混凝土的碱性。最后，分析水泥用量、SR－3 添加剂的用量等因素对混凝土 pH 值的影响。

（1）水泥用量对混凝土 pH 值的影响。从图 3.20 中，可以分析得到，混凝土的 pH 值是随着水泥用量的增加而不断增大的，同时 pH 值的大小与水泥用量的多少呈现指数关系。

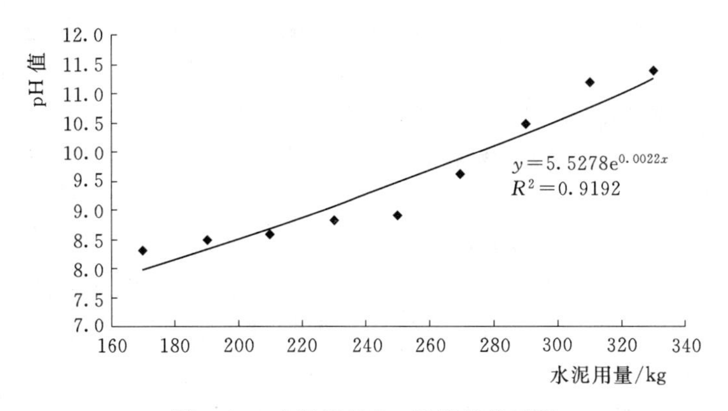

图 3.20　水泥用量和 pH 值的关系图

（2）SR－3 添加剂对混凝土 pH 值的影响。由图 3.21 可知，随着 SR－3 用量的不断增加混凝土的 pH 值越来越小，有良好的负相关关系。在 SR－3 用量达到每立方米混凝土 5L 左右时，其效果较明显。由于 SR－3 对混凝土强度影响，以及综合经济效益等因素，建议实际工程运用中，SR－3 添加剂宜维持在每立方米混凝土 4.5～5.5L 的用量。

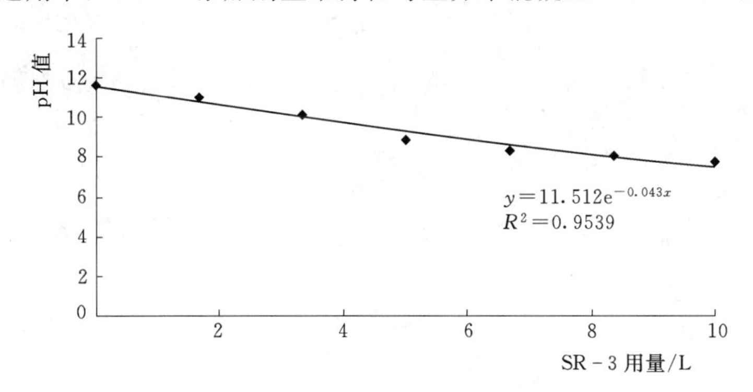

图 3.21　SR－3 用量和 pH 值的关系图

综上可知，水泥用量的不同或水灰比的大小对反滤混凝土强度影响较大；添加剂 SR－3 用量不同显著影响混凝土 pH 值大小；河砂用量直接影响混凝土孔隙率及渗透系数，且不同组合下配合比对反滤混凝土各项性能指标影响较大。因此，科学合理的设计混凝土配合比对改善适于小河流的反滤混凝土性能具有重要意义。针对用于中小河流河岸护坡的反滤混凝土要满足强度、孔隙率、有效孔隙率、渗透系数、pH 值等指标，建议反滤混凝土其配合比适宜范围：水泥用量 250～280kg/m^3、人工碎石用量 1450～1580kg/m^3、河砂用量 80～100kg/m^3、水用量 72.5～97.5L/m^3、SR－3 用量 4.5～5.5L/m^3。

3.4.4　施工工艺和要求

反滤混凝土护岸的现场施工流程为：首先对坡面削坡和平整，使其达到设计所要求的坡度；然后人工铺设石笼网固脚施工，在铺设过程中，所选用的填充石料粒径必须大于石笼网网口孔径，每个网格之间需用多根钢丝捆扎好，以保证石笼网固脚的稳定性；固脚铺设完后，立模浇筑普通混凝土坡面框架，待框架凝结成型达到强度要求时，便可拆模；然后坡面先铺设一定厚度的砂砾石垫层，再严格按照设计要求的配合比行进反滤混凝土的制备，先使混凝土填满框格，并与坡面大致平行，然后用自制的 50cm×50cm 的钢面夯实板将混凝土料进行人工夯实并平整；最后进行 7d 洒水养护。

由于生态混凝土护岸结构的特殊性，粗骨料采用单一级配，粒径一般为 5～10mm 范围内，符合设计的要求。现场采用的反滤混凝土配合比是：$1m^3$ 反滤混凝土中水泥用量 250kg、河砂用量 100kg、碎石用量 1550kg、SR－3 用量 5L、水用量 95L。现场制备反滤混凝土的流程和技术要求归纳为：①依次先后加入碎石料，水泥和河砂的混合料，干拌 60s 左右；②加入 50%的水量，拌和 60s 左右，使骨料混合均匀并湿润；③加入剩余 50%水和 SR－3 的混合液，并搅拌 180s 左右；④观察混凝土搅拌后的状态，看包浆是否良好和是否泛出金属光泽，由于每个地方的骨料其含水率不一样，所以在拌和时应根据混凝土的具体拌和状态来加减水的用量；⑤将拌和好的反滤混凝土填注于指定框格内。图 3.22 反映的是施工现场反滤混凝土的现场施工过程；图 3.23 为反滤混凝土护岸完工后照片。

图 3.22　反滤混凝土的现场施工（书后附彩图）

图 3.23　反滤混凝土护岸（书后附彩图）

第 4 章　三维土工网垫护岸技术

4.1　三维土工网垫材料

三维土工网垫（3D－geomat）又被称为三维植被网垫，是以热塑性树脂植为原料，经过拉伸、挤压、缠绕等工序，网垫的接电处进行高温熔合，其底部为具有较高模量基础层其顶部为错综复杂的网包结构。孔隙率不小于 90%，开孔结构可使边坡表面的填土在三维孔隙中能够确保整体性和稳定性，同时能够为种子发芽提供良好的微型环境。三维土工网其基础层通常为 1～3 层通过双向拉伸等处理形成立体的方形网格构成，三维土工网垫基础层以上通常为 2～4 层网包的网包结构同样进行拉伸高温处理，拉伸后的三维土工网垫质地轻盈并且稳定，可以很好地适应坡面的变化，上下两层结合就形成了所谓的三维土工网垫，如图 4.1 所示。

图 4.1　三维土工网垫

根据国家质量监督检验检疫总局颁布的标准《土工合成材料 塑料三维土工网垫》（GB/T 18744—2002）中，三维土工网垫主要分为 EM2、EM3、EM4、EM5 四类。主要的参数指标见表 4.1。

表 4.1　　主要参数指标

指　标	EM2	EM3	EM4	EM5
网垫层数	2	3	4	5
网垫厚度/mm	≥10	≥12	≥14	≥16
纵向拉伸长度/(kN/m)	≥0.8	≥1.5	≥2.2	≥3.2
横向拉伸长度/(kN/m)	≥0.8	≥1.5	≥2.2	≥3.2

4.2　三维土工网垫的作用机理

土工网是高密度聚乙烯经挤压成方形、菱形、六边形网格状的产品，具有一定的拉伸强度和耐久性、化学稳定性、耐候性、耐腐蚀等性能。三维土工网垫是采用高分子材料聚乙烯及抗紫外线助剂加工而成，由单层或多层塑料凹凸网和高强度平面网经热熔后黏结而形成的一种稳定的立体网结构。无腐蚀性，化学性质稳定，对大气、土壤、微生物呈惰性。边坡上铺设，可防止滑坡、塌方，保护水土，河岸工程中用其柔韧性好，渗透性好，可用来缓冲水流冲击能量，阻挡坡面雨水的流失，避免径流的形成，有效抵御雨水的冲刷。其作用机理如下：

（1）在坡面受到较大雨水打击时也就是击溅侵蚀的过程中，三维土工网垫复杂的网包结构在一定程度上可以起到减小雨滴直接击打在坡面的速度，同时网包还能阻碍土颗粒随降雨的作用产生飞溅，极大程度地减少了击溅侵蚀对坡面的影响，很好地延缓击溅侵蚀的进程。

（2）随着降雨的不断进行，阻碍击溅侵蚀的减缓效果会不断减弱，在面蚀阶段，由于三维土工网垫的网包无规则会使得许多细小的水流沿网垫进行流动而不沿坡面土体进行流动，进而就避免了对坡面的直接冲刷，同样也会延缓面蚀的进程。

（3）在遭遇强降雨时，虽然上述两者的效果都会被削弱到非常不明显的程度，然而由于三维土工网垫的特性，其复杂的网包紧贴坡面会使得坡面土体难以在雨水的作用下集中汇流形成冲刷沟，这就很好地保护了边坡土体免遭雨水冲刷。

（4）由于冲刷沟的形成非常缓慢，因此重力侵蚀的作用也将会被大大的推迟。试验表明，草皮未形成之前，当坡面坡度为45°时，三维土工网垫的固土阻滞率可以达到98%；当坡度为60°时，坡面固土阻滞率为84%，即使坡面近乎铅直状态，三维土工网垫的固土阻滞率仍可到达60%。因此三维土工网垫独特的空间结构能对边坡土壤颗粒起到很好的保护作用，能在降雨冲刷作用下使土颗粒牢牢地固定在边坡上。

对于河流冲刷下的三维土工网垫的护岸作用实际上是对大流速下三维土工网垫的抗冲保土性能的分析，同样由于三维土工网垫的立体结构可以有效地延缓与阻碍小块土体随河流的冲刷产生搬运，并且三维土工网垫还可以有效的抑制网垫下土体透过网垫逸出，可以起到非常好的抗冲、固土和稳定边坡的作用。

另外，在草皮形成后，草种的根系与网垫网包交错缠绕，可以形成复杂的加筋体系，并且在草皮形成后，草皮的茎叶高度，草皮的密度将联合三维土工网垫形成天然的保护伞，主要作用可体现在以下几点：

（1）可以大大降低雨滴击打在坡面的速度，使得只有少部分土体收到雨水的冲击力，并且成坪后的草皮还能阻碍土颗粒的飞溅与搬运可以很好地限制击溅侵蚀的发生。

（2）可以让坡面上的三维土工网垫与草皮形成天然的隔水层，在一定程度上减少下渗量，让更多的水直接沿网垫与草皮形成的通道流出坡体进而避免了直接冲刷坡面。

（3）植物的根系本身就具有非常好的保护土体，增强土体凝聚力的作用，加之三维土工网垫自身就可以很好地保护土体，网垫与植物根系强强结合可以达到保护边坡稳定同时兼顾生态效益的作用。

4.3 三维土工网垫技术

4.3.1 试验与方法

4.3.1.1 人工降雨试验

1. 试验设计

试验在江西省德安县水土保持工业园区的人工降雨大厅进行，该大厅共设4个降雨区域，三个垂直降雨区与一个倾斜降雨区，有效模拟降雨强度的范围在10～200mm/h，有效降雨高度为28m，采用电子监控以及地面传感器实时对降雨强度的大小进行监控，利用高压水泵将水压入降雨所用的喷头当中，通过遮雨槽中的传感器来观测降雨强度的大小，当大小达到所需要的稳定数值时打开遮雨槽，这样就保证了降雨强度以及降雨量维持在一个均匀的范围之内，为试验的精准性提供可靠保证。

本试验采用控制坡度、降雨强度、网垫厚度、土壤含沙量以及是否有表面覆盖物五个方面根据实际工程状况设计坡度为水利工程中常见的三种坡比1∶1.5、1∶2.0和1∶2.5，相对应的角度为33.69°、26.56°和21.80°。降雨强度主要模拟10mm/h、50mm/h、100mm/h分别对应中雨、暴雨与大暴雨的情况。网垫厚度采用EM2、EM3、EM2＋EM3和无网垫对照组，土壤含沙量采用含沙量10％、30％、50％三种土壤含沙量型式，表面覆盖物选用死草皮，观测在不同死草皮厚度的情况下的固土效果。

试验设备采用可移动边坡的钢槽，宽度、长度和深度尺寸为1.5m、3m、0.5m，由于填土后的钢槽非常重，为保证安全四周均有支架固定，用于钢槽的变坡，其侧面有一个类似量角器的铅垂装置可方便调节坡度，边坡的调节主要采用液压装置通过发电机将钢槽升至所需角度。钢槽底板每10cm设有排水孔一个，在底板的下部有一层不锈钢板将底部包住，并在出口处设排水孔，可用于测定垂直渗流的流量以及产生渗流的时间。同时在底部设有用土工布包住的排水口以及出水口用于测定水平渗流的影响，在钢槽的顶部设置一出水汇流口用于测定冲刷量与坡面流量。

在考虑土壤的含沙量变化条件下，对三维土工网垫开展保土性能试验，试验采用等比例缩放的小型木质土槽。木槽规格为0.50m×1.00m×0.20m，采用砂与纯土按比例混合的方式配制10％、30％、50％的三种含沙量，由于木槽变小会导致实际的冲刷量在原有的10mm/h的降雨下变得非常不明显，故将降雨强度增加到暴雨降雨强度50mm/h。

表面增设覆盖物下三维土工网垫保土性能试验设计。采用对比无覆盖裸土的坡面、三维土工网垫防护的坡面、与三维土工网垫加死草皮防护等三种型式坡面进行试验。针对暴雨与大暴雨两种设计降雨强度来观察这种设想的可行性。通过对草皮生长茂密，与草皮生长一般的两块土地分别进行割草称重，得出1m^{2}生长茂密的草皮的重量与长势一般情况下草皮的重量，进行铺草发现长势茂密的草皮1m^{2}约为1.04kg可厚度铺近4cm，而长势一般的为56g可铺约2cm，因此还将通过铺设4cm与2cm的不同厚度的死草皮来观察其三维土工网垫与死草皮的抗冲效果，草皮的植株高一般都为4～5cm，因此得出草皮厚度不宜高于4cm以便草种的生长。

采用自制的遮雨棚进行遮雨，遮雨棚采用木质框架结构，在框架结构的外侧铺上不透水的塑料薄膜保证了试验的精确度的同时，又可以为试验的观测提供一个有利的空间平台。主要设备如图4.2所示。

图4.2 边坡钢槽与遮雨棚（书后附彩图）

2. 试验方法

通过设置各种情况下无网坡面冲刷对照组，观测不同的网垫厚度、降雨强度、土壤含沙量、坡度下三维土工网垫的保土效果，通过对冲刷物（泥沙与水的混合物）的取样，进而得出总的侵蚀量与不同条件变化之间的关系。在强降雨的情况下三维土工网垫的保土性能有所降低，进而增设表面附着物（死草皮）配合三维土工网垫来观测其保土性能，得出一种保土性能最好的网垫类型使其更适用于小河流的治理是主要研究内容。

三维土工网垫是土工格室的改良，土工格室的试验结果表明：在30min的冲刷过程中，前10min的产沙量占总侵蚀量的40%～60%。可见前10min的冲刷量最显著，效果也更明显，更能反映实际的冲刷特征，因此设定人工降雨冲刷的时间为10min。

3. 试验步骤

（1）先将钢槽内填满土，本试验所用土为德安常见的第四季红壤土，该土的特征是颗粒非常小，含沙量也极低，可以忽略，认为是纯土，通过测定初始土的含水率为5%按照1.35的土壤容重分层压入槽内，用铁板夯实，保证土颗粒尽可能的无明显缝隙的均匀分布。

（2）将土体首先充分润湿，直至底部的渗流孔产生流态稳定的渗流为止，土壤的含水量已经几近饱和状态，而边坡的试验也变为在临界状态（土壤含水率饱和）的最不利状态下的研究，使得成果将更具代表性，故此后的试验均是在土壤含水率饱和临界状态下进行的。

（3）表面铺设三维土工网垫，采用不同厚度的三维土工网垫铺在坡面上，使其底层略微嵌入土体，保证网垫充分接触钢槽的坡面，之后自上而下展平并打上铆钉，将盛接冲刷量的容器放好即可开始降雨试验。由于降雨要根据不同的降雨强度来调试，因此降雨时间以实际雨滴落下的瞬间开始计时，10min后关闭遮雨槽则降雨结束。

（4）用容量为50kg的碎料桶作为盛接冲刷量的容器，将所冲下来的泥浆水充分的搅拌用100mL的量筒取样，为了使试验更具代表性，在已经搅拌均匀的泥浆水的表层、中层、底层分别取3个样，之后放入已经称好重量的100mL的烧杯中在105℃下烘干8h以上称重，两次的差值即为100mL泥浆水的泥沙的干质量，再通过三个试样的平均值得到平均干质量，进而推出整个桶内的泥浆水所含的泥沙干质量。

(5) 由于降雨可能导致的误差，因此在钢槽的周围设8个雨量计同步观测，主要是观测实际的降雨强度是否达到标准，如达到标准则试验数据有效，如不达标准则分析产生误差的原因进而加以改进。

(6) 由于每次的降雨会使得表层可被冲刷的土体大量的流失，通过冲刷机理分析可知，在雨水冲刷一段时间后会在表层形成泥浆膜进而阻碍降雨的冲刷影响。为了有效地避免此类误差的影响，又考虑到每次换土非常地不便而产生的人为误差，将试验改为每次试验前翻新表层约15cm左右的土，通过翻新敲碎重新压实，可有效地控制此类误差，继而达到试验的精确性。

(7) 由于在坡面角度发生改变时，会使得坡面的有效受雨面积发生改变，因而无法直观的比较抗冲刷情况因此引入侵蚀模量的概念：侵蚀模量 $Q[g/(m^2 \cdot h)]$ 是表征单位时间内坡面上单位面积的侵蚀量，是能很好地表征边坡表面抗径流和击溅侵蚀的重要参数，其公式为

$$Q=\frac{W}{ST} \tag{4.1}$$

式中 W——被坡面水流冲下的土壤颗粒的总干质量，g；

S——坡面的总表面积，m^2；

T——总降雨时长，h。

4.3.1.2 河流冲刷试验

河岸受降雨冲刷是一方面，另一方面还受河流水流的冲刷，三维土工网垫的抗冲特性目前还没有标准可参考，因此本试验根据示范区小河流的实际情况来制定其试验方案。考虑流速条件、可操作性等选取适合试验的地点。通过对不同土质、不同土壤容重、不同网垫类型以及不同的流速几个因素来分析观察三维土工网垫在河流冲刷下的抗冲保土效果。

1. 试验设计

对三维土工网垫在受到河水冲刷时的抗冲性能的测试，主要是根据江西省抚州市黎川县宏村示范区的河流中进行实地测试。考虑到试验要在河水中进行，综合安全与可行性，试验选用自制规格为0.30m×0.40m×0.20m对应长度的塑料土槽，通过对现场的实地进行考量选取流速稳定且河流底部有坚硬石体的地方流速为0.7m/s、1.5m/s。

2. 试验内容与方法

试验主要根据不同流速，不同土质，不同的土壤容重以及不同网垫型式四个方面对三维土工网垫的抗冲性能做研究，根据示范区的实际情况，以1h作为试验周期每15min测一个数值，观测自制土槽内的剩余土量，来确定其抗冲性能的好坏。通过工程设计表面种植土一般为4～5cm，本试验就以破坏到5cm为标准作为临界值，即冲刷程度超过5cm即为破坏。

(1) 不同流速试验。设计水流流速为0.7m/s与1.5m/s。两种水流流速下观察不同

三维土工网垫的抗冲固土效果。

（2）不同土质试验。示范区常见的土质主要有两种：一种是由河流冲刷堆积形成的砂质土，含沙量比较大；另一种是田间种植作物的腐殖土，颜色呈黑色有一定的黏性。因此根据不同土质变化观察三维土工网垫在不同土质下的保土抗冲效果。

（3）不同的土壤容重试验。设计土壤容重为1.1g/cm^{3}与1.2g/cm^3，两种土壤容重下观察不同三维土工网垫的抗冲固土效果。

（4）不同网垫型式试验。测定无网垫、EM3型三维土工网垫、EM3型三维土工网垫与死草皮结合三种条件下的冲刷性能。根据现场流速的测定选用0.7m/s的流速作为试验流速，土壤容重为1.1g/cm^3，通过在每个时刻的累计冲刷量来观察分析三维土工网垫抗冲效果。

3. 试验步骤

（1）使用流速仪对现场河流进行实地的流速测试，选取流速稳定，河流底层有坚硬块石的地段进行试验研究。

（2）将土壤按不同容重压入自制塑料槽中，表面用土工布包住，放入流速非常缓慢的地段进行润湿，每15min称重一次，通过预试验如果发现在1h后重量开始无明显改变，即可认为1h后土体已经充分润湿，故此后每次试验都如此，将盛满土的塑料槽放入流速很小的河流中进行润湿，表面包裹土工布，防止槽内土体被带走，润湿1h后即可开始试验。

（3）根据示范区常见的两种土质：一种为砂性土，主要是河流携带的泥沙经过堆积形成的土体；另一种为腐殖土，就是田间用于作物种植的土壤。这两种土均在示范区的建设中得到应用，故本试验根据两种不同的土质研究三维土工网垫的抗冲性能。

（4）将已经充分润湿的土体表面覆盖三维土工网垫，并打上铆钉，放入河水中进行冲刷，之后每15min称重一次，共计4次1h的冲刷量。观测在不同土质、不同土壤容重、不同网垫类型以及不同流速下三维土工网垫的抗冲性能。

4.3.2 三维土工网垫护岸的抗冲刷性能分析

根据三维土工网垫在人工降雨与河流冲刷下所得试验数据，分别针对人工降雨试验中坡度、降雨强度、网垫厚度、土壤含沙量、表面附着物以及河流冲刷试验中不同土质、土壤容重、河流流速、网垫铺设型式等方面对三维土工网垫的保土抗冲性能进行数据分析，得出其在不同因素条件下的规律及特性。

4.3.2.1 降雨试验分析

根据三维土工网垫在模拟人工降雨的条件，通过调整钢槽的坡度，控制三维土工网垫的网垫厚度、设置不同的降雨强度、配制不同含沙量的土体以及增设表面附着物的方法。通过测量其总冲刷量（水与泥沙的混合物），平均含沙量（100mL水中含沙量的平均值）以及侵蚀模量来观测三维土工网垫在各类条件变化下的规律与原理，对其抗冲特性进行分析。

1. 坡度变化对网垫冲刷性能的影响分析

所选取的坡度是根据水利工程边坡最为常见同时也是应用最广泛的1∶2.5、1∶2.0、

1∶1.5三种坡比。

表 4.2　　无三维土工网垫坡面冲刷情况

坡　比	总冲刷量/kg	平均含沙量/g
1∶2.5	7.01	0.186
1∶2.0	7.05	0.212
1∶1.5	5.36	0.232

由表 4.2 可知，坡面在无三维土工网垫防护时坡面的冲刷量情况：

（1）坡度在 1∶2.5 与 1∶2.0 之间总冲刷量变化并不明显，而在坡面坡度为 1∶1.5 时发生了突然的下降，原因主要是，在边坡坡角不断增大时边坡钢槽实际受雨面积在不断减小，因此导致落在坡面实际雨滴减少进而导致了实际的冲刷量减小。

（2）平均含沙量随坡度的增加而增大，而 1∶2.5 的坡度时总冲刷量又比较小，因此随着坡面的逐渐增大，由于重力的影响，会使得坡面流速变快，进而携带的泥沙量较多。

铺设 EM3 型三维土工网垫后的坡面抗冲的影响见表 4.3。

表 4.3　　EM3 型三维土工网垫对坡面抗冲的影响

坡　比	总冲刷量/kg	平均含沙量/g
1∶2.5	5.04	0.042
1∶2.0	5.99	0.045
1∶1.5	4.76	0.034

由表 4.3 可知：

（1）总冲刷量与无网对照组的规律相似，但冲刷量明显减小。

（2）边坡 1∶2.5 与边坡 1∶2.0 的含沙量相差很小，可见在 10mm/h 的降雨下两种坡比的三维土工网垫固土效果都非常好，在第三组 1∶1.5 的坡比下平均含沙量反而减小。

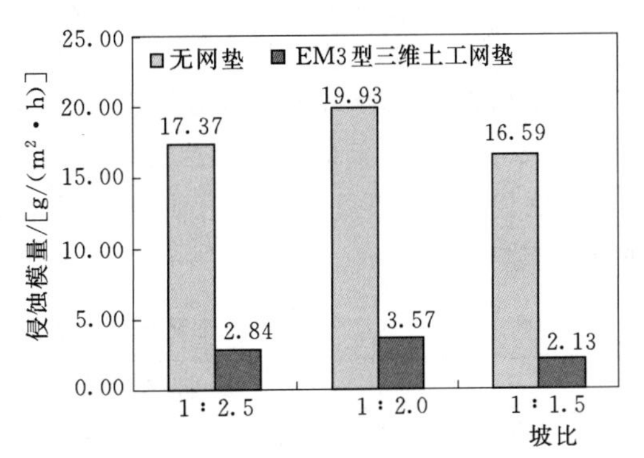

图 4.3　坡度对冲刷的影响

由图 4.3 可知，铺设三维土工网垫与对照组侵蚀模量的变化情况，随着坡度的增加出现先增大后减小的趋势，因为侵蚀模量反映的是单位时间单位面积上的侵蚀量，主要原因是由于垂向受雨面积减少导致总冲刷量减小。由此试验可知，在 10mm/h 的降雨强度下其临界坡度应该位于 26.56°～33.7°之间。在铺设三维土工网垫后，侵蚀模量于无网覆盖的坡面相同呈现出先增大后减小的趋势。在 1∶2.5 与 1∶2.0 的坡比下无三维土工网垫的侵蚀模量是铺设了三维土工网垫的 5 倍，在 1∶1.5 的坡比下没有铺设三维土工网垫的侵蚀模量是有三维土工网垫的近 7 倍，因此三维土工网垫在人工降雨下可以有效地抵抗雨水的击溅侵蚀。由于在 1∶2.0 的坡度下三维土工网垫与对照组的侵蚀模量都非常明显，因此此后试验均采用 1∶2.0 的坡度进行。

2. 网垫厚度变化对冲刷性能的影响分析

本试验通过设置无网垫对照组，观测在EM2、EM3、EM2＋EM3不同厚度的网垫，通过10mm/h的降雨强度，降雨历时为10min来观察在不同厚度的三维土工网垫的影响下，其固土效果的对比，同样通过总冲刷量，平均含沙量及侵蚀模量三个指标进行分析。

表4.4 不同网垫厚度对坡面抗冲的影响

网垫厚度	总冲刷量/kg	平均含沙量/g
无	7.05	0.212
EM2	6.1	0.078
EM3	5.99	0.045
EM2＋EM3	3.04	0.044

由表4.4可知，由无网到EM2＋EM3，总冲刷量呈递减的趋势，在EM2＋EM3上总冲刷量衰减程度非常大，通过雨量计分析降雨强度符合10mm/h的标准。由于两侧网垫的结合导致网孔进一步的缩小，雨水在网包之间形成水膜，截取了较大一部分的降水，通过对卸下的网垫称重发现较原来的重量多了近2kg，可见三维土工网垫的网包确实可以储存比较多的水分。平均含沙量同样呈递减的趋势，并且在到达EM3时逐步趋于稳定这说明EM3型三维土工网垫可以很好地保护土壤的颗粒免遭雨水冲刷，进一步增加网垫厚度影响并不很大。

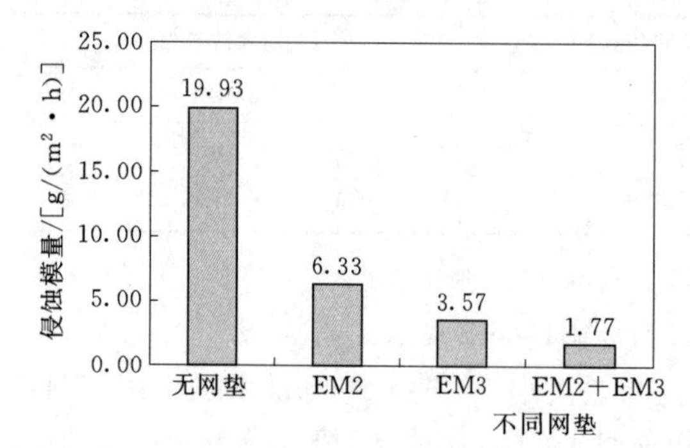

图4.4 不同网垫厚度对坡面抗冲的影响

由图4.4可知，在10mm/h的降雨强度下不同厚度的三维土工网垫的侵蚀模量变化，呈明显的递减趋势，虽然在EM2＋EM3组合网垫下其侵蚀模量减少的更为明显，但究其主要原因是由于网包的截水功能，其平均含沙量的变化并不是非常明显，因此使用EM3型三维土工网垫护岸为宜。

3. 土壤含沙量变化对冲刷性能的影响分析

无网垫和三维土工网垫在不同含沙量土质下的保土抗冲效果，总冲刷量见表4.5，侵蚀模量如图4.5所示。

表4.5 土壤不同含沙量对坡面抗冲的影响

土壤含沙量/%	无网垫对照		EM3型三维土工网垫	
	总冲刷量/kg	平均含沙量/g	总冲刷量/kg	平均含沙量/g
10	3.91	0.06	3.69	0.02
30	3.54	0.33	2.42	0.16
50	3.15	1.39	2.67	0.46

由表4.5可知，相比无网垫来说铺设三维土工网垫的坡面总冲刷量都有一定程度的减小，这说明了土壤的类型不会影响三维土工网垫的截水功能，都会使表面附着一部分雨水

减少其总冲刷量。由平均含沙量的对比可以看出在含沙量变化的时候即便含沙量达到50%三维土工网垫都有很好的固土效果，保证了坡面的抗冲性能。无网垫的平均含沙量是铺有三维土工网垫含沙量的近3倍，可见三维土工网垫的抗冲固土作用明显。

由图4.5可知，在不同土壤含沙量下，三维土工网垫的侵蚀模量都要远远小于表面无网垫覆盖的情况，并且其固土的趋势越来越明显。土壤含沙量增大会使得三维土工网垫的固土效果更为明显，虽然效果明显但实际的侵蚀模量依然非常大，故不推荐使用含沙量非常大的土壤作为坡面的护岸土体。

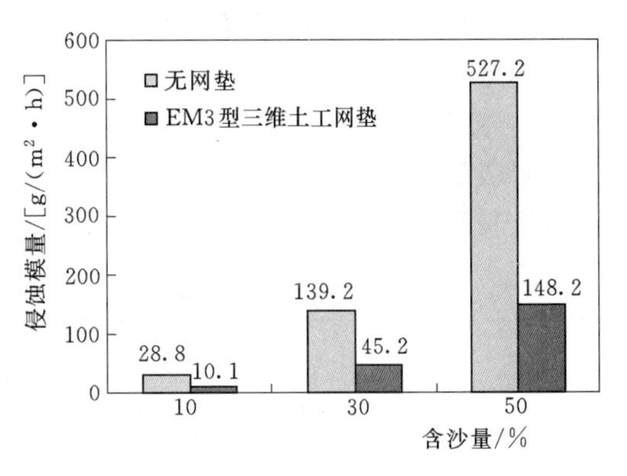

图4.5　土壤含沙量变化的冲刷效果

4. 人工降雨强度对冲刷性能的影响分析

在降雨强度为10mm/h、50mm/h、100mm/h下研究三维土工网垫的保土抗冲性能。通过设置对照组得出以下指标，见表4.6。

表4.6　　不同降雨强度对坡面抗冲的影响

降雨强度/(mm/h)	总冲刷量/kg		平均含沙量/g	
	无网垫对照	EM3型三维土工网垫	无网垫对照	EM3型三维土工网垫
10	7.05	5.99	0.21	0.04
50	30.37	29.31	0.24	0.05
100	65.53	62.17	0.27	0.14

由表4.5可知，通过对总冲刷量的对比可知，三维土工网垫表面网包的截水功能依然存在，其截水的程度变化没有明显的规律，但是通过前面的试验和此次增大降雨强度的试验可知，三维土工网垫的网包上确实可以储存一部分的水量。通过对不同降雨强度下平均含沙量的变化情况可知，降雨强度增大三维土工网垫的保土效果依然比较明显，在10～50mm/h的范围三维土工网垫作用下的坡面冲刷的平均含沙量逐渐增大但变化趋势比较缓慢。在50～100mm/h的范围内三维土工网垫作用下的坡面冲刷的含沙量有较为迅速的增长，原因是雨水量的增大导致水流速度的加快进而会携带更多的泥沙。

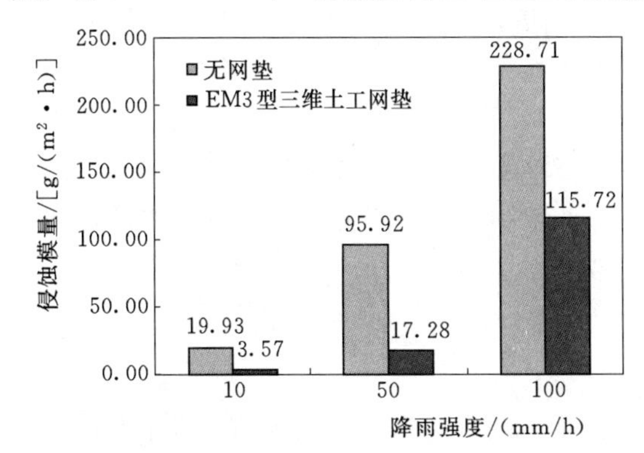

图4.6　不同降雨强度下侵蚀模量的变化

由图4.6可知，在降雨强度为10～50mm/h下无网垫覆盖下坡面的侵蚀模量基本为三维土工网垫的侵蚀模量的5倍，而50～100mm/h的降雨强度下无网垫覆盖下坡面的侵蚀模量为三维土工网垫侵蚀模量的2～5倍，可见随着降雨强度的增加，虽然三维土工网垫依然可以很好地抗冲保土，减少侵蚀模量，但减少的程度在逐渐降低，原因主要为以下两点：①降雨强度的增大使得坡面的流速加快，进而造成侵蚀模量的增大；②随着降雨强度的增大雨滴的击溅力也逐渐增大，网垫的阻碍能力又非常有限，因此会使雨滴穿过网垫，依然保持较大的动能击打在坡面上。在小河流的应用中由于自然因素千变万化，因此需寻求更好更稳定的网垫护岸方式来抑制这种趋势的发生，增强网垫的固土效果。

5. 表面增设覆盖物对冲刷性能的影响分析

通过表面增设覆盖物试验，获得表面增设覆盖物厚度变化下三维土工网垫（EM3 型）的总冲刷量和平均含沙量（表 4.7）。

表 4.7　铺不同厚度死草皮和三维土工网垫（EM3 型）抗冲效果对比

降雨强度/(mm/h)	总冲刷量/kg				平均含沙量/g			
	裸坡	铺草皮厚度：0cm	铺草皮厚度：2cm	铺草皮厚度：4cm	裸坡	铺草皮厚度：0cm	铺草皮厚度：2cm	铺草皮厚度：4cm
50	30.37	29.31	26.51	21.81	0.24	0.05	0.005	0.005
100	65.53	62.17	55.66	54.27	0.27	0.14	0.01	0.005

由表 4.7 可知，总冲刷量自上而下在不断的减少，除了三维土工网垫的网包可以达到储水截水的功能，死草皮的这项功能更加显著，说明三维土工网垫与死草皮结合可以非常明显的起到储存雨水的作用，使得其总冲刷量减小效果显著，坡面抗冲效果明显。通过对平均含沙量变化的分析可知没有铺死草皮的三维土工网垫是铺有死草皮的三维土工网垫 10 倍以上，相比裸土来说这种型式的抗冲固土的效果更好，究其原因是由于死草皮与网垫的结合使得形成天然的保护网，有效降低了雨滴的击溅力。

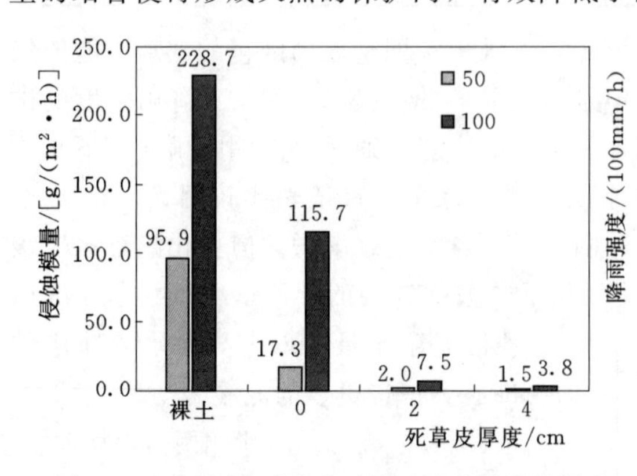

图 4.7　不同厚度死草皮对坡面抗冲效果的影响

由图 4.7 可知，死草皮配合三维土工网垫的型式其侵蚀模量的减少程度显著，50mm/h 的降雨强度下死草皮 2cm 厚相比裸土减少了近 47 倍，相比仅铺设三维土工网垫的坡面也减少了近 8 倍，在 100mm/h 的强降雨下相比裸土减少了近 30 倍，相比仅铺有三维土工网垫的坡面也减少了近 13 倍。在死草皮为 4cm 时进一步减少但效果不是非常明显，由此可知三维土工网垫与死草皮结合护岸其优越性非常明显，可以有效地抵抗雨水的击溅冲刷，为后期草皮成坪达到生态效益提供有力的保证。

4.3.2.2　河流冲刷试验分析

1. 不同土质对网垫冲刷性能的影响分析

从无网垫覆盖的情况来看，无论在初期、中期、后期和末期，腐殖土在各个时段的冲刷效果均要小于砂质土，究其原因可以认为腐殖土本身具有一定的黏性，土壤与土壤颗粒之间有一定的黏结力；而砂质土由于含沙量较大，土壤颗粒较为分散凝聚力较小，因此在水流冲刷下容易流失。无网垫、EM3 型三维土工网垫、EM3 型三维土工网垫与死草皮结合的累计冲刷量关系如图 4.8～图 4.10 所示。

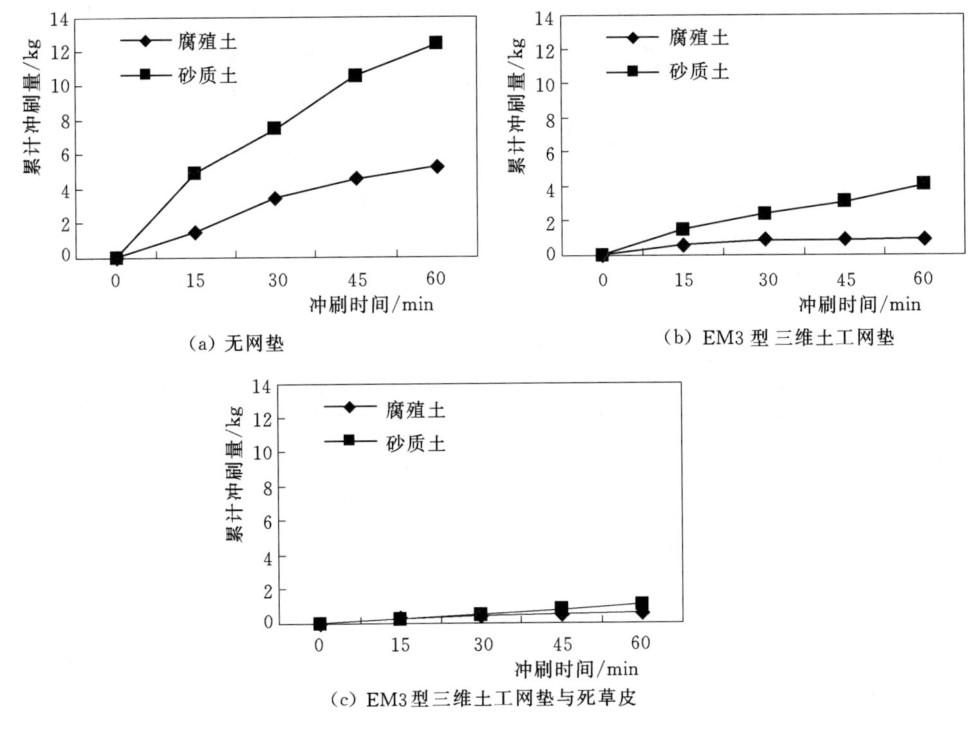

(a) 无网垫

(b) EM3 型三维土工网垫

(c) EM3 型三维土工网垫与死草皮

图 4.8　不同土质对网垫冲刷性能的影响

(1) 由图 4.8 (a) 可知，腐殖土与砂质土在 1 h 之内的累计冲刷量变化情况，相比砂质土来说腐殖土在各个时刻的冲刷量都要小很多并且增长趋势较为缓慢，而砂质土增长速度较快。因为常见的工程表面种植土覆土厚度为 4～5cm，考虑到三维土工网垫本身的厚度，将实际被河水冲走 4cm 厚土壤设定为破坏值，转化质量为 5.54kg。当试验土体为腐殖土时，在 1 h 河流冲刷下，接近临界破坏值，而在试验土体为砂质土时，在 15～30min 就已经完全破坏了，因此腐殖土的抗冲效果要好于砂质土。

(2) 由图 4.8 (b) 可知，三维土工网垫在腐殖土为试验用土的情况下，曲线逐渐变为直线向前延伸，且对应数值较小，抗冲效果较为明显；而在砂质土为试验用土时虽相比无网垫来说累计冲刷量有很大程度的减小，但上升趋势依然明显。两种土体在三维土工网垫作用下均相对于无网垫来说累计冲刷量明显减小，但砂质土在 1h 的冲刷时间内仍然接近临界破坏值。

(3) 由图 4.8 (c) 可知，在三维土工网垫与死草皮联合作用下，两种土质的累计冲刷量进一步减小，减小幅度非常明显，并且无论在砂质土还是腐殖土为试验用土，其在 1h 的冲刷下均远离极限破坏值，说明三维土工网垫结合死草皮可有效地抵抗河流冲刷，延缓破坏时间。通过曲线可知腐殖土仍然保持着比较平缓的冲刷过程，而砂质土的累计冲刷量则是逐渐增大，由此可以非常清楚地看出腐殖土的效果要优于砂质土，故此后试验多采用腐殖土作为试验用土。

2. 土壤容重变化对网垫冲刷性能的影响分析

通过现场试验对比可以分析得出在土壤容重为1.2g/cm³时的累计冲刷量要小于土壤容重为1.1g/cm³时的情况，由此可知土壤容重的增大对抗冲效果具有有利的影响。究其原因是由于土壤容重增大，土壤颗粒与颗粒之间的孔隙减小，凝聚力增大。依然从无网垫、EM3型三维土工网垫、EM3型三维土工网垫与死草皮结合三种方式来观察分析其抗冲保土效果，如图4.9所示。

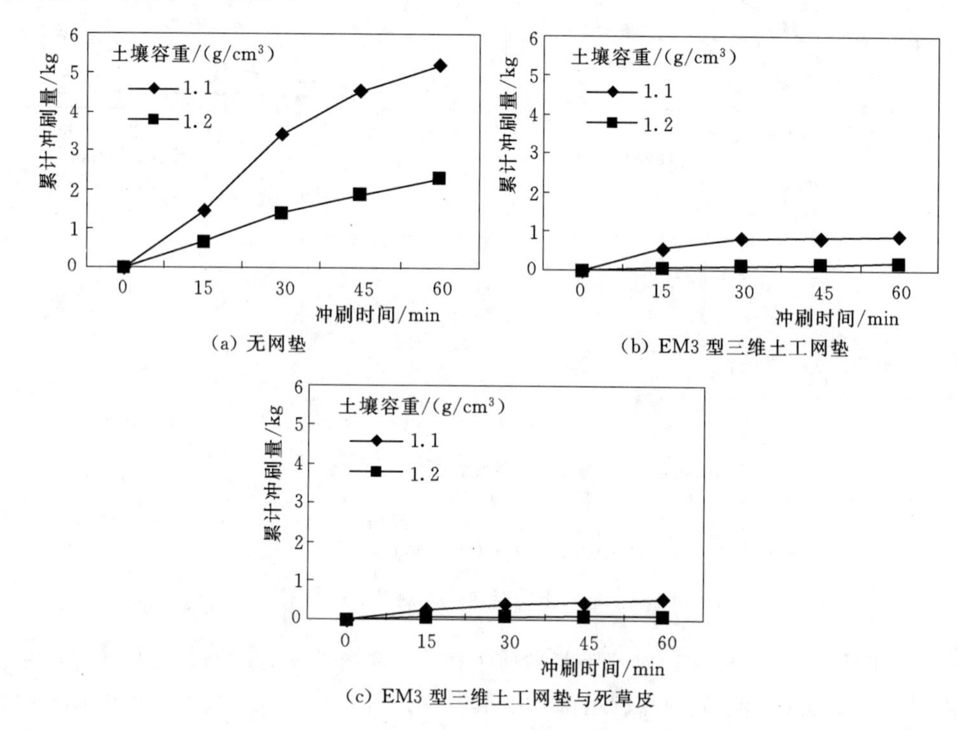

图4.9 不同土壤容重下冲刷情况对比图

(1) 图4.9 (a) 为无网垫情况下土壤的抗冲保土效果。在土壤容重为1.2g/cm³时相比土壤容重为1.1g/cm³时其斜率更缓，累计冲刷量增长的幅度也小很多，也越不容易接近临界破坏值，可见土壤容重变化对冲刷效果有很明显的规律，即土壤容重越大，土体的抗冲性能就越好。虽说容重变大，但实际上的60min冲刷量也是非常大的。在水利工程中边坡要受到各种历时不止一次的考验，因此单纯的无网垫还是满足不了工程的要求。

(2) 由图4.9 (b) 可知，在不同容重的试验用土上铺设EM3型三维土工网垫后其累计冲刷量的变化情况。土壤容重为1.1g/cm³的其曲线呈弧形变化，先迅速增大然后趋于稳定；土壤容重为1.2g/cm³的则沿较小的斜率平稳增长。与无覆盖情况基本类似，但其累计冲刷量都有不同程度的减少，较之对照组而言最终累计冲刷量在容重为1.1g/cm³时减少了5倍、容重为1.2g/cm³时减少了10倍。可见三维土工网垫抗冲效果明显，并且可知随着容重的增大，网垫固土抗冲效果增加。

(3) 由图4.9 (c) 可知，在EM3型三维土工网垫与死草皮同时作用下时不同土壤容重的累计冲刷量的变化情况。在两种容重下其累计冲刷量程度进一步减小效果明显，但是由于土壤容重为 1.1g/cm^3 的试验土体其压实度较小曲线的上升趋势依然显著。就 1h 的最终累计冲刷量来看两种容重下土壤相比 EM3 型三维土工网垫作用下，抗冲效果均提高了一倍左右。

3. 不同流速对网垫冲刷性能的影响分析

通过观测两种流速下各种坡面型式的时段冲刷效果可以得出，在无网垫的时候流速为 1.5m/s 的前 15min 的冲刷量约是流速为 0.7m/s 时候的 3 倍左右；在流速为 0.7m/s 时铺设三维土工网垫后相比没铺之前减少量在 3～100 倍之间，之所以会产生这么大的差距，主要是由于随着时间的推移可被带走的土壤颗粒逐渐减小，以致后续冲刷量很小。在流速为 1.5m/s 时铺设三维土工网垫后相比没铺设之前时段冲刷量减少在 3～5 倍之间，可知流速的增加对网垫的抗冲性能有非常明显的影响，即流速越大三维土工网垫的抗冲性能越弱。在三维土工网垫与死草皮联合作用下相比无网垫来说在 0.7m/s 的流速下时段冲刷量减少在 7～70 倍之间，在流速 1.5m/s 的情况下减少量在 15 倍左右，两者之间的落差值较小，可知三维土工网垫与死草皮结合的型式更能适应流速的增加。通过图 4.10 分析观察在不同流速下各种坡面型式的抗冲刷效果。

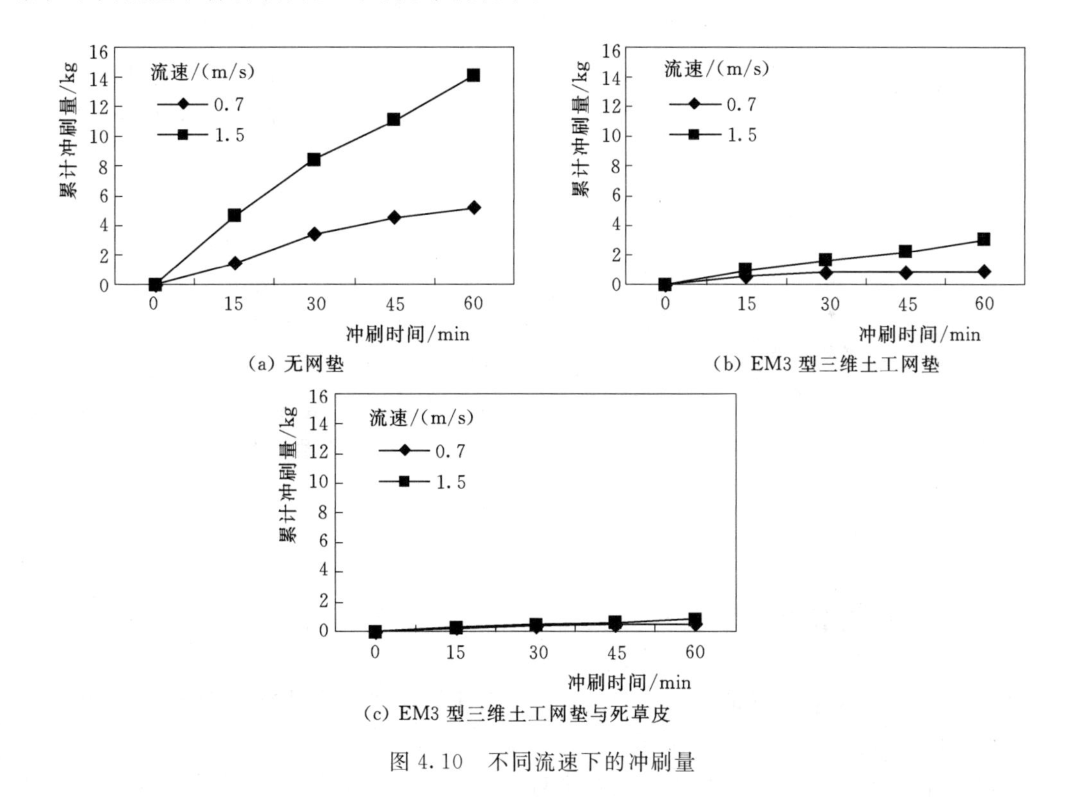

(a) 无网垫

(b) EM3 型三维土工网垫

(c) EM3 型三维土工网垫与死草皮

图 4.10 不同流速下的冲刷量

(1) 由图 4.10 (a) 可知，在无网垫时候的累计冲刷量在不同流速下的关系线，在流速为 0.7m/s 时曲线先迅速增大后增大幅度有所减弱，在流速为 1.5m/s 时曲线一直增大未曾衰减，呈线性趋势。

(2) 由图 4.10 (b) 可知，在铺设三维土工网垫后在不同流速下累计冲刷量的值明显减小，可知三维土工网垫的抗冲效果较为显著，在流速为 0.7m/s 下曲线先缓慢增加后趋于稳定值，而在流速为1.5m/s的时候曲线则依然持续增大呈线性关系。

(3) 由图4.10 (c) 可知，在铺设了EM3型三维土工网垫与死草皮后其累计冲刷量进一步减小，相比无网垫的累计冲刷量减少程度非常明显。在流速为0.7m/s时曲线先急速增加后缓慢增减，在流速为1.5m/s时曲线依然呈线性直线上升的趋势。

4. 不同网垫铺设型式对冲刷性能的影响分析

针对网垫的类型的变化会产生不同程度抗冲效果，进一步完善网垫类型，从无网垫、EM3型三维土工网垫、双层EM3型三维土工网垫以及EM3型三维土工网垫与死草皮结合四种铺网型式下，在流速为1.5m/s、土质为腐殖土时研究分析各种类型的优劣，为之后的示范区建设提供对比与参考。

由现场试验可以得出各种网垫铺设型式在各个时段的冲刷效果情况，结果表明随着网垫厚度的增加其时段冲刷量明显减少，由此可以说明网垫厚度的增加可以起到抗冲效果增加的目的，而相比双层EM3型三维土工网垫来说EM3型三维土工网垫与死草皮结合效果更为明显，由此可知铺设三维土工网垫都可以起到明显的保土抗冲效果，而EM3型三维土工网垫与死草皮结合的护岸型式是最优的。

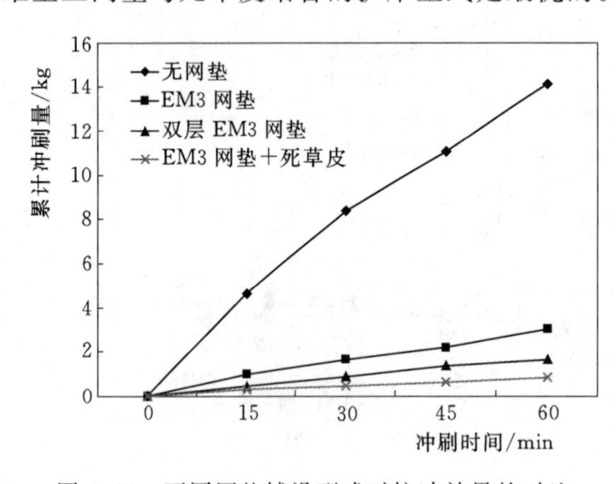

图4.11 不同网垫铺设型式对抗冲效果的对比

由图4.11可知各种网垫铺设类型下累计冲刷量的随时间变化的关系曲线，当表面无附着物时曲线增加程度较快，幅度很大；在铺设了网垫后无论哪种型式都有明显的减小，最大跨度减小了近15倍之多，可见三维土工网垫作用下的边坡土体抗冲效果明显。在EM3型三维土工网垫、双层EM3型三维土工网垫、EM3型三维土工网垫与死草皮结合的情况下累计冲刷量与时间呈线性关系，抗冲效果为EM3型三维土工网垫与死草皮结合＞双层EM3型三维土工网垫＞单层EM3型三维土工网垫。

4.4 施工工艺和要求

根据小河流的实际工程情况，综合制定出适合小河流实际情况的三维土工网垫施工工艺。具体流程和工艺（图4.12）如下：

(1) 坡面平整。坡面土质均匀无大石块与树枝等杂物，人工办法使用铁板将表面土压实，坡面整体平整，无明显凹陷或凸起。

(2) 外框混凝土浇筑。在边坡和坡顶开槽，挖出30cm×20cm（底×高）的沟槽后，每一定距离设C20的混凝土框架，立模浇筑普通C20混凝土坡面框架，待框架凝结成型达到强度要求时，便可拆模。

(3) 三维土工网垫铺设。根据坡面长度，对网垫进行裁剪，将网垫卷起移至铺设处，网垫从坡顶向坡底打开，并调整好位置。

(4) 搭接。网垫与网垫之间的搭接长度为 50cm。网垫搭接顺水流方向，即上游压下游，搭接方向要统一。网垫底部和顶部卷入岸基内。

(5) 锚固。网垫采用 U 形钉锚固。U 形钉长 40cm，每 1m 使用 1 根锚钉，呈梅花形布置为宜。

(6) 播种与覆土，覆土厚度为 5～10cm。选用根系发达、适宜河流生长的狗芽根、高羊茅、黑麦草三种草籽作为护岸草种，肥料选用有机复合肥料。首先将肥料洒在坡面上，然后将草籽与沙粒充分搅拌均匀并均匀地洒在坡面上，第一次覆土厚约 3～4cm，将死草皮垫在网垫之下紧贴土体并铺设三维土工网垫。

(7) 养护。根据铺设方案，可在坡面上覆盖一层无纺布，在防止土壤冲蚀的同时，保证坡面的温度和湿度。在种子发芽前期要定期浇水，一般养护周期为 2～4 周。

(a) 框架搭接浇筑　(b) 平整后的坡面

(c) 网垫搭接与铺设　(d) 网垫 U 形钉锚固

(e) 铺设死草皮　(f) 覆土

图 4.12　三维土工网垫的施工工艺与流程（书后附彩图）

第 5 章　土工格室护岸技术

5.1　土工格室材料

土工格室属于一种新式的土工合成材料。它最早于 20 世纪 80 年代在国际舞台上出现。土工格室是由聚乙烯片材经高强度焊接而制成。因此其具有较强的耐腐蚀性、耐老化性且具有抗拉伸性能好、焊接强度高的特点，能够承受一定的动、静荷载和循环荷载。土工格室能够开合重叠，便于装卸运输，施工快捷，工程造价低廉，使用寿命长，能够大规模的用在公路和铁路的软地基加固、边坡防护、挡土墙、海滩筑路和防洪围墙等土木工程及水利工程上。

土工格室展开后具有三维立体网格状结构，所以有人也称其为蜂巢格室。使用时将其展开，然后向格室内填入砂、土壤或者碎石等材料，形成刚度以及侧向限制都较强的结构，广泛运用于各个领域。土工格室可分为带孔土工格室与不带孔土工格室两类。土工格室样式如图 5.1 所示。

(a) 带孔土工格室

(b) 不带孔土工格室

图 5.1　带孔土工格室与不带孔土工格室（书后附彩图）

5.2　土工格室作用机理

土工格室技术开始于 20 世纪 80 年代，土工格室凭借其卓越的功能快速地在土木工程中占有了一席之地。土工格室可以折叠易于运输，展开后具有空间立体结构，类似于蜂窝状，框格内可就地取材填入泥沙碎石等；土工格室耐酸碱、耐腐蚀，整体性优良，带孔的格室铺设在土体中具有较好的排水性，且有利于提高格室与土体的摩擦性能，生长于格室土体中的植物，其根系可以穿过格室上的小孔，起到复合加筋的作用（曾龙辉 等，2017）。

土工格室生态护岸选用的是带孔的土工格室，采用土工格室生态护岸工程技术，可大大提高工程建设的速度和质量，而且可以延长岸坡的使用寿命，减少维护成本，实现环保、生态等方面的综合效益，为小河流的护岸治理提供技术支持。

5.2.1 土工格室护岸稳定性作用机理

土工格室护岸是在坡体上铺设了具有空间结构的土工格室，并用U形钉将其固定在坡面上。土工格室的框格对其内的土体具有一定的束缚作用，将坡体表面一定深度的土体分隔开来，分别约束在土工格室框格内。与此同时，又通过土工格室将坡体表层的土体有机的联系在一起形成了一个整体。土工格室的存在对坡体起到了一定的稳定作用。土工格室护岸的稳定性受多种因素的影响，土工格室护岸安全系数计算示意图如图5.2所示。

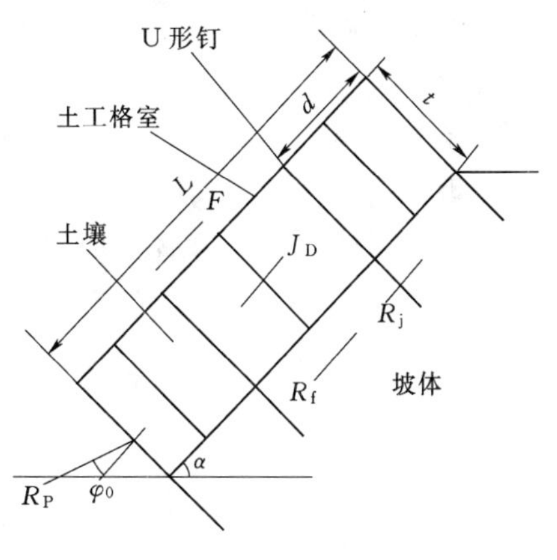

图5.2 土工格室护岸安全系数计算示意图

土工格室护岸在降雨条件下的安全系数见式（5.1）：

$$K=\frac{R_f+R_j/K_j+R_p\cos\varphi_0}{\gamma_w Lh\sin\alpha+\gamma_s Lt\sin\alpha+J_D} \tag{5.1}$$

式中 R_f——格室框格内充填土的阻滑力，kN；

R_j——坡面U形钉传递的额外阻力，kN；

K_j——抗剥离安全系数，一般情况下取1.5；

R_p——坡脚对下滑土工格室坡体所产生的被动土压力，kN；

α——坡面与水平面夹角的角度，(°)；

φ_0——被动土压力与刚性支撑接触面法线方向夹角的角度，(°)；

γ_s——土壤的容重，kN/m³；

γ_w——水的容重，kN/m³；

L——土工格室展开后整体的长度，m；

t——土工格室的高度，m；

h——坡面径流的深度，m。

当安全系数$K\geqslant 1.5$时，代表其土工格室护岸是一种安全的护岸型式。

通过式（5.1）可知，土工格室的稳定性与土体的含水率、坡面长度、坡体角度、U形钉的间距、坡面的冲刷情况、土工格室的规格及其一些物理性质有关。王广月通过分析得出坡面长度越长，其相应的安全系数会越小的结论，可以通过减小坡长或者制作混凝土框将坡长分隔为几段，从而增强坡体的安全系数。随着坡体土壤中的含水量越来越大，其坡体的抗剪强度将会变得越来越小，其坡体安全稳定性就会越来越差。

植物的根系能够吸收坡体土壤内的水分，与此同时植物自身因为会发生蒸腾作用，将从土体内吸收到的水分会挥发到空气中，使得植物根系能够持续的吸收土壤水分，如此可以减少土壤孔隙中的水分。当土壤中的水分减少后，土壤孔隙中的水压力也会随之明显降低；土壤中的孔隙水压力降低之后，坡体的抗剪强度也将随之提高，这对于坡体的稳定非常有利。

5.2.2　土工格室护岸机理

土工格室是一种蜂窝状的空间立体结构新型护岸材料，它可以将坡面表层土体分隔成一块块独立的土体，又使这些土体有机的联系在一起形成一个整体，使得土工格室护岸既有一定的抗冲刷性又有一定的稳定性。针对边坡土体的侵蚀过程，逐一分析土工格室护岸的情况及其机理。

1. 雨滴击溅式侵蚀

土工格室是对坡体表层的土体分隔成块并对其四周进行约束，没有对坡体表面进行遮掩。因此，在坡体植被未形成前，当雨滴降落后，其对土工格室护岸的侵蚀效果与无网垫坡的侵蚀效果相类似，但是当雨滴汇聚成泥浆后，搬运土颗粒时会受到格室的一定阻碍作用。

2. 面蚀

在面蚀阶段，由于土工格室的存在，在坡体表面露出的土工格室部分，会对形成的坡面流产生一定的阻碍及引导作用，会使得坡面流搬运能力降低及水流路径延长，从而达到抗冲刷的目的。

3. 沟蚀

由于土工格室将坡体的表层土体分隔成许多块，这使得沟蚀的长度将受到限制不能形成连续的很长的沟壑，且沟蚀是由面蚀发展到一定程度的产物，在土工格室坡面上，水流会受到阻碍，沟蚀的形成也相对裸坡而言更不易形成。

4. 山洪侵蚀

铺设有土工格室的坡体，当其受到河道水流的冲刷时，暴露在坡面的土工格室部分会对冲刷坡面的水流起到消能、降低其搬运能力的作用。露出的格室部分越多，其阻碍作用将会越强。

在生态护岸中，植草形成植被是种常见的关键措施。在自然条件下，植被生长环境比较恶劣，植被不易生长或是易遭破坏。土工格室中充填种植土，格室的约束能力将使土壤固定在坡面上，能够为植物生长提供一个相对适合的环境，有利植物的生长。

在铺设有土工格室的坡面上需要种植植物形成植被，这不仅仅可以绿化坡面使坡面变得美观，更可使植被与土工格室相辅相成形成一个复杂的空间加筋体共同对坡体进行防护。植被成形后将会对护岸提供巨大的帮助：

(1) 植被形成之后，其茂密的茎叶可以阻挡降雨的雨滴直接降落在坡面上，少部分雨滴即使直击坡面，也会因植被的存在而阻碍土颗粒的飞溅和搬运。植被形成后可以有效地限制击溅侵蚀的发生，弥补了土工格室在这方面的不足之处。

（2）植被的根茎可以对坡面水流进行消能，大大降低其搬运侵蚀能力；植被的根系从各个方向对土壤进行加固，使得土壤不易被冲走，不易形成沟蚀。土工格室护岸在植被的配合下，其抗面蚀、沟蚀能力将变得更加明显。

（3）植被的根系将坡面土体有机的联系在了一起，增强土体的凝聚力，植被根系与土工格室共同对坡面浅层形成了一个复合空间加筋体，使得坡面具有更可靠的稳定性。

植被形成后的土工格室护岸将具有更强的固土抗冲刷性，土工格室与植被之间能够互补不足之处，土工格室护岸植被形成以后不仅能够固化土壤、稳定坡体，还能美化岸坡、绿化环境。

5.3 土工格室保土特性试验研究方法

土工格室的保土特性主要是通过测定土工格室护岸受降雨或河流冲刷时，土工格室能有效保护土体免受冲刷侵蚀的程度。因为自然降雨与河流冲刷影响因素多，所以主要研究在人工降雨条件下土工格室护岸的保土性能以及观察应用于小河流当中土工格室护岸的坡体情况，理论与实践相结合为土工格室护岸在小河流中的应用提供科学的指导。

5.3.1 人工降雨试验

人工模拟降雨作为一种试验手段使一些领域特别是水土保持领域不可缺少的一种重要研究方法。人工模拟降雨方法能够在很短的时间内取得天然降雨情况下不能取得的试验数据，所以人工模拟降雨已变成学者们进行土壤侵蚀试验的一种主要研究办法（史银志 等，2008）。研究者将通过人工模拟降雨试验来研究土工格室护岸的红壤土保土特性。

1. 试验的设备与设计

采用土工格室护岸人工降雨试验，试验地点选在江西省德安县水土保持科技园的降雨大厅内。试验内容为不同的坡度、降雨强度以及格室类型研究土工格室的保土抗冲刷性能，试验设计坡度为21.8°、26.6°、33.7°，三种设计坡度分别对应于水利工程中常见的坡比1∶2.5、1∶2.0和1∶1.5；本试验设计降雨强度分别为10mm/h、50mm/h、100mm/h，每次试验总时长为30min。土工格室类型采用格室一、格室二、格室三和无格室对照组。

土工格室产品规格一般由土工格室高度、土工格室的焊接间距与土工格室单组展开尺寸三部分组成，土工格室的规格型号可根据实际需要设计生产。因为受试验使用的土槽大小限制，所以土工格室降雨护岸试验所用的格室类型及其相关力学参指标数见表5.1。

表5.1　　土工格室规格表

类　型	格　室　一	格　室　二	格　室　三
格室规格	10-20-1.2	10-40-1.2	10-60-1.2
板材抗拉强度/MPa	205	200	202
连接点强度/(kN/m)	12.5	12.8	12.8

注　格室规格用A-B-C表示，A为格室高度，cm；B为格室焊距，cm；C为板材厚度，mm。

人工降雨试验设计方案见表5.2。试验的主要设备有人工降雨设备和一个移动式可变坡的钢槽，钢槽尺寸为3.0m×1.5m×0.5m（长×宽×深度），在钢槽中间建有一隔板将钢槽分隔为两个尺寸为3.0m×0.75m×0.5m的槽子（图5.3）。在钢槽的一侧固定有一个带有铅锤物的量角器，用来观察确定钢槽的坡度。在钢槽的底部设有间距为10cm的排水孔，在底板下部有不透水的钢板，在其前端有一个排水出口，可用来引导、收集钢槽内的垂直渗流的水体，通过测算其渗流时间，可以得到相应的渗流率。在钢槽的上部也设置有一个出水口，可以用来引导、收集坡面水流，通过收集该出水口的水样可以测定坡面流量及其冲刷量。

表5.2　　试验设计方案表

类　型	水　平		
	①	②	③
格室类型	格室一	格室二	格室三
坡比	1∶1.5	1∶2.0	1∶2.5
降雨强度/(mm/h)	10	50	100
有无格室防护	有	无	\

图5.3　可变坡钢槽

在收集坡面冲刷的水样时，是利用水桶放置于出钢槽上部出水口的下方收集坡面水流，为了避免有雨水等进入水桶影响试验的水样收集，故而在人工降雨试验期间将利用搭建好的遮雨棚在钢槽前端布置一个临时的收集水样的平台。

如图5.4所示，钢槽内的左边部分铺设的是格室二；在图5.5中，钢槽内的左边部分铺设的是格室一，而右边部分铺设的是格室三。

图5.4　钢槽、土工格室二与遮雨棚

图5.5　不同类型的土工格室人工降雨试验（书后附彩图）

2. 试验的内容与方法

土工格室护岸冲刷试验内容为对不同类型土工格室护岸、不同坡度的土工格室护岸、不同降雨强度下的土工格室护岸及空白对照组土工格室坡面进行人工降雨抗冲刷试验，通过收集坡面水流，取样测定水样中的泥沙量，从而得到不同条件下的泥沙侵蚀量，以此对比观测土工格室护岸保土性能。通过其保土性能初步确定适合于小河流的土工格室护岸型式。

3. 试验所需仪器及材料

人工降雨试验所需设备和仪器除了科技园内的人工降雨设备、可变坡钢槽、遮雨棚等外，还需要雨量计、容积为18L的塑料桶12个，烧杯36个、精度在百分位以g为单位的电子秤1台、普通电子秤1台（范围在0～80kg之间）、烘箱1台、三种类型的土工格室、U形钉若干、秒表1个。

4. 试验步骤

（1）采用德安县附近最常见的是第四季红壤土作为试验用土。试验前需先将钢槽填满土，钢槽深0.5m，先在钢槽底板处铺设土工布，而后铺上10cm厚度的细砂，在细砂上铺上无纺布后，正式开始填土；填土壤先测定初始含水率，后按照1.25g/cm^{3}的土壤容重分层压入钢槽内（钢槽被隔板分成两块，压土前需两侧具有差不多高度的土体），用铁板夯实，每次压土厚度10cm，总需填压3次土。

（2）对于无铺设格室坡试验对照组，继续填压10cm厚度的红壤土，然后将坡面整平；对于需要铺设土工格室的坡面，在步骤（1）完成后，需先展开铺设好土工格室，并用少量的U形钉固定土工格室，按照格室各个框格的大小向其内填入相应质量的土体，将之压实填平。

（3）每次人工降雨前，先向坡面浇水至钢槽底部有水渗流出为止，这样可以使土体基本处于饱和状态，可使降雨试验开始后能尽早出现坡面流，且让坡面处于饱和状态是模拟河道护岸已被雨水完全浸润后的情况，在此情况下获取的试验数据能够更具有代表性。

（4）降雨开始前，需先用计量器率定降雨强度，率定结果与设计降雨强度一致时，则可以开始降雨试验。对收集水样的塑料桶进行编号，称量其空桶质量（m_0）并做好记录，降雨总历时30min，每隔5min换一个水桶收集水样，共需收集6次水样，30min后关闭遮雨槽，停止降雨。将收集水样的桶子再次称量并记录（m_1）。

（5）将步骤（4）中的桶中水样充分搅拌，而后取3次100mL左右的水样，分别放入已编号并记录了其空杯质量（m_2）的小烧杯中，待水样都提取完毕后，对装有水样的烧杯再次称重并记录（m_3），然后将所有装有水样的烧杯放入104℃的烘箱中进行持续8h以上的烘烤，将烘干后的烧杯再次称重并记录（m_4），通过式（5.2）得烧杯水样中含泥沙率$W\%$，将同组的三个水样的含泥沙率计算平均值可得对应水桶中的含砂率S，再由式（5.3）可推出整个塑料桶中水样里的所含的泥沙干质量M。

$$W=\frac{m_4-m_2}{m_3-m_2}\times 100\% \tag{5.2}$$

式中 m_2——空烧杯的质量，g；

m_3——装有水样的烧杯质量，g；

m_4——烧杯烘干后的质量，g；

W——烧杯中水样的含泥沙率。

$$M=(m_1-m_0)S \tag{5.3}$$

式中 m_0——空桶质量，g；

m_1——装有水样的水桶质量，g；

M——水桶中水样的泥沙干质量，g；

S——水桶中水样的含砂率。

(6) 由于每次降雨会对坡面产生一定的破坏，且会有一定的水土流失，所以在第一次降雨试验后，每次试验前，需将坡体表层10cm的土挖出，而后从步骤（2）开始继续以上试验步骤。

通过以上步骤得到的水桶中水样的泥沙干质量M，即为该组试验中该时段的泥沙冲刷量。

5.3.2 河流冲刷试验

目前有关土工格室在小河流护岸中的应用研究还处在一个较为空白的状态，大多数关于土工格室的研究多为应用于公路、铁路两侧边坡的防护以及作为道路路基。少数地区土工格室应用于河流护岸，已取得较好的效果，但该地区土壤多为黄土，且并未进行相应的试验及研究。因此将依据示范区的现场实际情况来制订试验方案，以此来观测土工格室对红壤土质岸坡的保土抗冲刷效果。土工格室护岸只有应用到河流之中，才能称之为土工格室护岸。在河流冲刷保土试验中，就是要对土工格室护岸的保土性能进行进一步的观察分析。

1. 试验设计

此次河流冲刷保土试验地址选在江西省抚州市黎川县樟溪水示范河段。本试验目的是为了给示范区正式的工程提供合理的理论依据，并为其施工提供一定的指导。本试验模拟实际工程的施工方式，所以试验采用的土工格室规格为15cm×80cm×1.2mm（格室高度×格室焊距×板材厚度），该规格土工格室展开后网格尺寸可达400mm×400mm×150mm（长×宽×高），有利于施工。

岸坡坡比1∶2.0，铺设5组土工格室，每组坡面面积大小为5m×5m，土工格室用U形钉进行固定。格室内填入当地的红壤土至土工格室13cm左右的高度，然后播撒草种以及一定的肥料，接着将土工格室覆满土，进行一定的夯实并对坡面进行平整，最后对坡面洒水。

在坡面上铺设一层无纺布用以防雨防晒，营造一个有利于草种生长的环境，避免雨水的溅蚀及阳光暴晒影响草种生长。等到两周后，且坡面大部分草种发芽并长出2～3片叶片时，揭去无纺布。任其生长3个月并经历三次洪水冲刷后，再来观测其试验效果。

2. 试验方法

将每个坡面大致均分上、中、下三个部分，通过对比1m^{2}坡面上的植物茎叶的投影面积的比值进而推算出坡面各部分的植物覆盖率，并对其做好相应记录。对坡面各部分选取几个具有代表性的土工格室框格，向该框格内填满沙子，并计算所用沙子的体积。通过所用沙子体积与框格体积的对比得到框格内的土体损失率，如式（5.4）所示，进而推算出坡面各部分的土体损失率。

$$A=\frac{V_1}{V_0}\times 100\% \tag{5.4}$$

式中 V_0——土工格室一个框格的完全展开状态下的体积；

V_1——填满坡面某个土工格室框格所用的沙子体积；

A——所用沙子体积与框格体积的对比得到框格内的土体损失率。

5.4 土工格室冲刷性能分析

5.4.1 土工格室护岸人工降雨试验

5.4.1.1 坡度变化对土工格室抗冲性能的影响

本试验坡度为1∶1.5、1∶2.0、1∶2.5，试验将进行历时30min降雨强度为50mm/h的降雨冲刷，将通过对比格室二护岸与裸坡来分析坡度变化对土工格室护岸的抗冲性能的影响。

由图5.6可知：降雨30min后，无土工格室坡面的冲刷量坡比为1∶2.0时最大，其次是坡比为1∶1.5的冲刷量，坡比为1∶2.5时无土工格室的总冲刷量最小；第20min后坡比1∶1.5的冲刷量超过了坡比1∶2.5的冲刷量。

由图5.7可知：

（1）降雨30min后，格室二坡面的3种坡比下总冲刷量之间的关系与无土工格室坡面的基本一致。

（2）降雨10min之前，坡比1∶2.0的累积冲刷量较小，坡比1∶2.5的累积冲刷量较大，坡比1∶1.5的累积冲刷量介于两者之间。

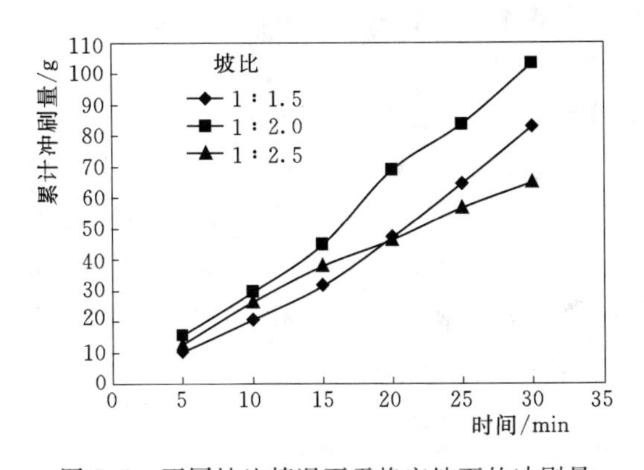

图5.6 不同坡比情况下无格室坡面的冲刷量

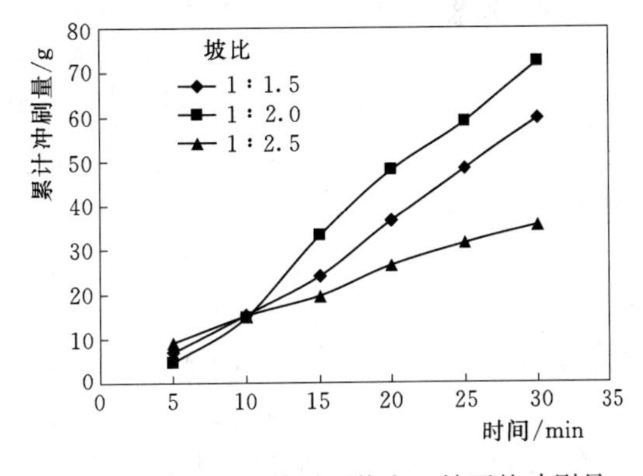

图5.7 不同坡比情况下格室二坡面的冲刷量

分析其原因在于：

（1）降雨30min后，无土工格室和格室二护岸的总冲刷量均在坡比为1∶2.0时最大，坡比为1∶2.5时最小，主要是因为随着坡比的增大，坡体的角度也随之增大，但坡体的表面积是定量不变的，所以坡面的水平投影面积在逐渐减少；在同等降雨强度的情况下，坡面在同等时间内所接收到的雨量也在减少；然而随着坡比的增大，坡面上的水流以及泥沙受重力的影响越大，其水流加速度将增大，单位流量水流搬运能力将得到增强。

（2）当坡比1∶2.5增大到1∶2.0时，对水流在坡面上的流速增大起了主要作用，使得总冲刷量增大；当坡比1∶2.0增大到1∶1.5时，坡面的受雨面积减小，对坡面水流量减少起了主要作用，所以坡面总冲刷量减少；降雨前期坡比为1∶2.5的累积冲刷量多于坡比为1∶1.5的累积冲刷量，分析其原因可能是在降雨初期，坡面还未形成稳定的面流，雨滴的溅蚀及雨量起主要作用。坡比1∶2.5的受雨面积大于坡比1∶1.5的受雨面积，所以降雨前期出现前者累积冲刷量大于后者的情况。

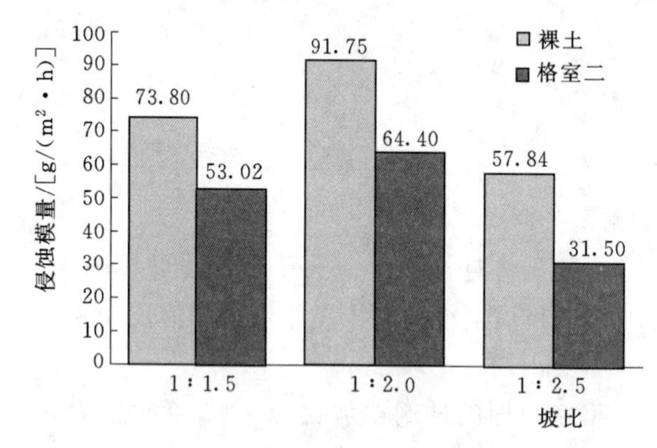

图5.8　不同坡比对冲刷的影响

总之，相同降雨强度下不同坡度铺设格室二护岸的坡面均具有更显著的抗冲效果。

由图5.8可知，在降雨强度为50mm/h的情况下，在这三种不同坡比条件下，铺设格室二的坡面比没有铺设土工格室的无铺设格室坡面具有更显著的抗冲效果。铺设有格室的坡面对比无铺设格室坡面而言，坡比为1∶1.5和1∶2.0的坡面其侵蚀模量的减少程度约为30%；坡比为1∶2.5的坡面其侵蚀模量的降低程度达到了45%。

5.4.1.2　土工格室类型对抗冲性能的影响

本试验通过设置无土工格室对照组，观测分别铺设有格室一、格室二、格室三，坡比为1∶2.0的坡体，通过10mm/h、50mm/h以及100mm/h三种降雨强度，历时30min的泥沙冲刷量。以此来分析坡体在不同框格大小的条件影响下，其抗冲刷的效果。

通过设置坡比为1∶2.0的不同格室试验，在10mm/h、50mm/h以及100mm/h的三种降雨强度下，历时30min来观察格室不同框格大小的影响下，其抗侵蚀效果的对比。

由图5.9可知，30min后三种降雨强度下的格室坡面保土抗冲刷性比无土工格室坡面更为明显。图5.9（c）中，15min前，无土工格室坡的累计冲刷量大于铺设有格室的坡体的累积冲刷量。分析其原因是，铺设有格室的坡面，沿格室边缘的土体相对较松，当降雨强度较大时，水流量也相对较大，该土体更易受水流冲刷，所以该时期泥沙冲刷量比裸坡的冲刷量大。随着冲刷时间延长，格室的作用也更好地体现了出来，不仅对水流有阻碍作用，而且因格室对表面土体在空间上进行保护使其不易形成较大较长的沟蚀，但裸坡会因冲刷的继续而产生一些细沟甚至是沟壑，加剧土体泥沙的冲刷，故而长时间的冲刷会使裸坡总冲刷量超过铺设有格室的坡体。

降雨30min后，在降雨强度为50mm/h或100mm/h下，试验结果与晏长根所做土工格室对黄土边坡冲刷防护试验大体一致，总的趋势是格室框格越小，其抗侵蚀性能越好。但格室一的抗冲刷性相对差些，格室二和格室三两者间的总冲刷量相差不大，其原因是框格越小的格室，其固土抗冲刷性更好，然而框格越小的格室向框格中填土压实就越困难，越不利于施工。格室三因其框格过小，框格中的土体相对其他格室而言较松，所以出现上

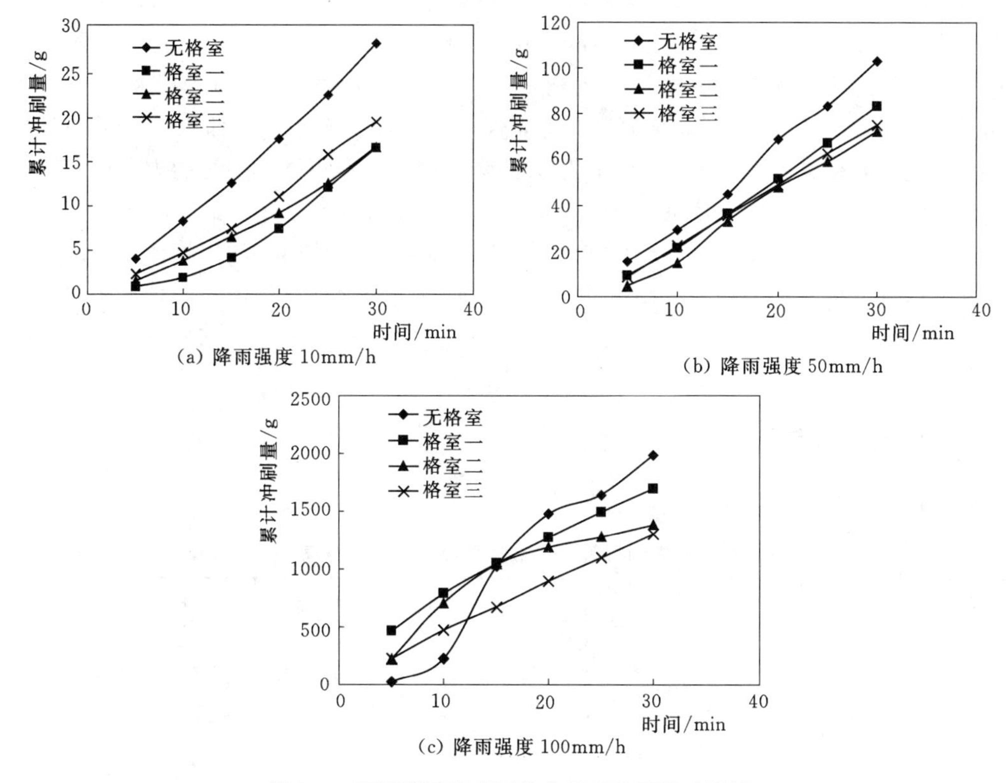

图 5.9 不同降雨强度下格室类型坡面的冲刷量

述情况。在降雨强度为较小的 10mm/h 时，坡面主要受雨滴的溅蚀作用，格室三坡面土体相对较松，因此格室三坡面的冲刷量较大。

5.4.1.3 人工降雨强度的变化对抗冲性能的影响

通过坡比为 1∶2.0 条件下不同降雨强度的坡体泥沙冲刷量分析其对抗冲性能的影响。降雨强度对坡体累计冲刷量的影响如图 5.10 所示。

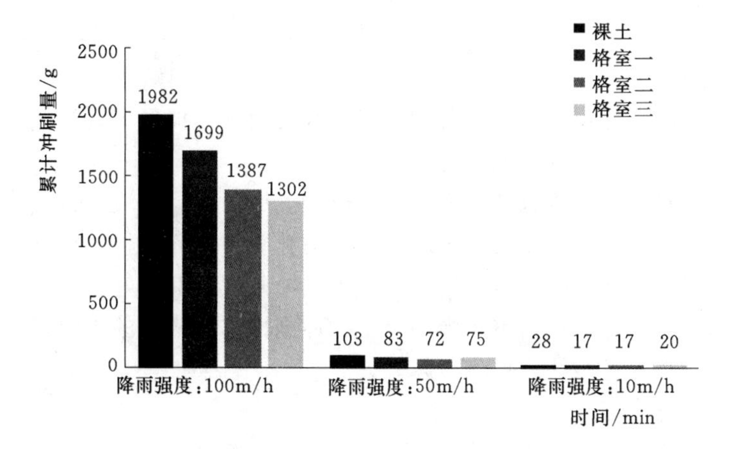

图 5.10 降雨强度对冲刷的影响

由图 5.10 可知，随着降雨强度的增大，坡体总冲刷量是在增大的，但其并不成线性关系。降雨强度由 10mm/h 增大到 50mm/h 时，降雨强度增大了 5 倍，其冲刷量也增大了近 5 倍；但降雨强度由 50mm/h 增大到 100mm/h，降雨强度增大了 2 倍时，其冲刷量增大了近 20 倍。究其原因可能是面流产生后较小降雨强度产生的坡面水流流量及其流速都较小，只能搬运颗粒较小的泥沙，而较大的降雨强度具有更强的搬运能力，可以搬运较大较粗的颗粒，其对坡面造成的破坏也更大，易产生沟蚀，沟蚀产生后又将增大其泥沙冲刷量。铺设有格室的坡面，埋在土体中的格室有部分露出土体时，超出坡体表面的格室部分对坡面水流具有一定的消能、阻碍作用，将会降低了水流的搬运能力，且格室对表面土体在空间上进行保护使其不易形成较大较长的沟蚀，所以铺设有格室的坡面具有较好的抗侵蚀性。

5.4.2　河流冲刷试验

通过现场试验，采集和处理的数据列表于 5.3。

表 5.3　　河流冲刷试验土工格室坡面土体损失率表

序号	位置	植被覆盖度（100%）	冲刷体积/cm^3	土体损失率（100%）
1	坡面上部	50	1500	6.25
	坡面中部	80	500	2.08
	坡面下部	0	24000	100.00
2	坡面上部	80	500	2.08
	坡面中部	50	1800	7.50
	坡面下部	20	13500	56.25
3	坡面上部	80	1790	7.46
	坡面中部	80	400	1.67
	坡面下部	80	2150	8.96
4	坡面上部	50	1600	6.67
	坡面中部	20	7700	32.08
	坡面下部	0	24000	100.00
5	坡面上部	60	1200	5.00
	坡面中部	30	6500	27.08
	坡面下部	30	12200	50.83

由表 5.3 可知：

（1）对于坡面同一部位，植被覆盖度越高，其坡面土体损失率就越低；其坡面土体损失率越低代表该部位的保土抗冲刷性越好。

（2）对于植被覆盖度相接近的坡面不同部位，该坡面部位离坡脚越接近，其土体损失率越高。也就是说，整体坡面植被覆盖度一致的情况下，坡面越接近坡脚的部分，其保土抗冲刷性将会越差；反之，越接近坡顶，其保土抗冲刷性相对较好。

（3）植被的覆盖度对土工格室护岸的保土抗冲刷性具有较大的影响，植被覆盖度越高的土工格室护岸，其保土抗冲刷性将会越好。

对上述结果进行原因分析：

（1）坡面上部位置较高，正常情况下不会受到河流流水的冲刷，仅仅会受到雨水以及坡面流的冲刷。土工格室本身就对雨水及坡面流冲刷具有一定的抗冲性，当坡面上部具有一定的植被覆盖度时，将会有较好的保土抗冲刷性。

（2）坡面中部位置只有当洪水水位较高时，才会遭受水流的冲刷，一般情况下只会受到雨水冲刷和坡面流冲刷，坡面中部受到水流冲刷的可能性及冲刷时间都比坡面下部要低。因此，当坡面中部的植被覆盖度即使较差时，仍能表现出一定的保土抗冲性。

（3）坡面下部位置较低，当发生洪水时，坡面下部容易被水淹没，在水中遭受水流冲刷时间较长，在只有土工格室防护的情况下，坡面的抗冲刷性能较差。土工格室虽然具有消能的作用，但是土工格室框格内的土体如果没有植物根系进行加固与土工格室形成复合加筋体，坡面在水流的长时间浸泡及冲刷下仍会遭到较大的破坏，坡面土体仍易被水流冲刷带走。

5.5 施工工艺和要求

结合小河流的实际情况，制定出适合于小河流治理的施工工艺。为了牢固坡脚，宜采用块石石笼网来加固坡脚。石笼护岸属于柔性结构，具有挠曲性好、抗冲刷性能强等特点，适用于坡度大、流速高的河道断面。在块石石笼网的内侧铺设土工布，可起到排水防渗的作用；块石体积较大，质量较重，被固定在石笼网内形成一个整体，就有较强的稳定性，抗冲击能力强；而且块石石笼网透水透气，孔隙率大，有利于水生动物和微生物的生存和繁衍；在块石石笼网覆土形成植被后会产生很好的生态美观性。具体施工工艺方法如下：

（1）石笼网固脚。设置临时围堰，方便石笼网铺设工作。在坡脚底部铺设一层土工布，将已做好的块石石笼网置于其上，相邻的石笼网用铁丝网搭接固定。

（2）整坡。坡面平整、覆土保证坡面土质均匀无大石块与树枝等杂物，用铁板将表面土压实，预留约 15.17cm 的深度铺设土工格室。

（3）铺土工格室。将土工格室自上而下拉开成网格状，横向要拉到设计宽度，首先要固定上缘，然后再固定其他三边，如图 5.11 所示。

（4）固定已拉开的格室。土工格室铺设在土体上后，用 U 形钉进行固定，在格室各个交叉口处，呈梅花状布置。所使用的 U 形钉的尺寸为 40cm×20cm×40cm。

（5）覆土。由于挖机覆土虽然快，但是会砸坏部分的格室，基于此情况，均采用人工覆土，挖机配合运料，直到距离格室顶面 4～5cm 的位置为止。如图 5.11 所示。

（6）播种。将有机肥按 100g/m^2 一个格子，25m^2 也就是 2.5kg 进行均匀的散播，然后散播草种。选用狗牙根、黑麦草以及高羊茅等作为土工格室生态护岸的草种，按 10g/m^2 一个格子，25m^2 也就是 0.25kg，用砂土搅拌均匀散播在格子内，然后人工覆土，将格室内填满土，最后刮平拍实，如图 5.11 所示。

（7）铺设遮盖物。为了防止降雨冲走播撒的种子并且为种子生长提供一个适宜的环境，需要在坡面上铺设一层覆盖物来遮挡降雨以及避免阳光暴晒。本工程在坡面上铺设无纺布，使用木条和水泥钉将无纺布固定在混凝土框格梁上以防被风吹开。等到种子发芽植株生长到 5～6cm 或者 2～3 个叶片后，揭开无纺布继续进行管理养护。

（8）前期养护。

1）洒水养护：用高压喷雾器使养护水成雾状均匀的湿润坡面，要注意控制好喷头与

(a) 铺设

(b) 覆土

(c) 撒种

图5.11　土工格室施工流程

坡面的距离以及其移动的速度，确保没有高压流水冲击坡面形成径流。坡面的养护时间视坡面植被生长的情况而定。

2）追肥：需要依据植物的生长情况及时施肥。

3）及时补播：草种发芽后，需要及时对植被稀少的地方进行补播草种。

应用土工格室进行坡面防护施工时，还应注意以下几点：

(1) 要选用质量可靠的土工格室并对土工格室材料性能进行相应的质量测试。

(2) 土工格室铺好后需要及时覆土，避免阳光暴晒产生破坏。一般其间隔时间不宜超过48h。

(3) 应选择适宜的草种并掺加适量的肥料在坡面播种，及时洒水养护，创造良好的植物生长环境。土工格室护岸所选草种应具有耐淹抗旱、根系发达、适应能力强等特点。

土工格室作为一种新兴的土工材料，以其独特的结构迅速在土工领域中有了一席之地。土工格室生态护岸施工相对传统工艺更为简单，施工成本较低，能做到因地制宜，产生良好的经济效益。

第6章 因地制宜的生物工程护岸技术研究

生物工程护岸技术是对河道进行原位生态修复的有效措施之一，其方案设计要遵循生态原则、经济原则，强调人与自然共生，应尽可能地保持水土交流过程，充分发挥生态边际效应，因地制宜，尽量保持河流的自然弯曲形态，保留现状原有动植物群落，使护岸在防冲固坡的同时，实现河道生态系统的良性发展。

6.1 机理分析

6.1.1 植被护岸机理分析

植被护岸主要是依靠植物的地下根系及地上叶茎的作用，包括根系的力学效应和植被的水文效应两方面，植被护岸机理的力学效应可分为草被类植物和木本类植物根系两种，植被的水文效应包括降雨截留、削弱溅蚀和抑制地表径流。

1. 深根锚固作用

木本植物垂直根系的主根可扎入土体的深层，通过主根和侧根与周边的土体的摩擦作用把根系与周边土体联系起来，锚固到深处较稳定的岩土层上，起到预应力锚杆的作用。在植被覆盖的斜坡上，植物相互缠绕的侧向根系形成具有一定抗张强度的根网，将根系土壤固结为一个整体；同时垂直根系的浅层根际土层锚固到深处较稳定的土层上，更加稳固土体的稳定性。

2. 浅根加筋作用

草本植物的根系在土中分布的密度自地表向下逐渐减小，逐渐细弱。在根系盘结范围内，岸坡土体可看作有土体和根系组成的根-土复合材料，草本植物的根系如同纤维的作用，因此根系可视为带预应力的三维加筋材料，使土体的强度提高。

3. 降低坡体孔隙水压力

岸坡的失稳与坡体孔隙水压力有着密切的关系，降雨是诱发坡体发生变形破坏的重要因素。植物通过吸收和蒸腾坡体内水分，降低土体的孔隙水压力，提高土体的抗剪强度，有利于边坡的稳定。

4. 降雨截留、削弱溅蚀

一部分降雨在到达坡面之前就被植被茎叶截留并暂时储存在其中，以后再重新蒸发到大气中或落到坡面。地面植物及残枝腐殖层可以吸收水流能量，通过截留作用降低了到达坡面的有效雨量，从而减弱了雨水对坡面的侵蚀，减少表层土的流失。

5. 抑制地表径流、控制水土流失

植物的茎、叶部分可增加岸坡糙率，降低土体表层水流速度和作用于土体的剪应力。植物根系能够固结土壤，同时草本植物丛状生长，能够有效分散、减弱径流，而且还阻截径流改变径流形态。径流在草丛间迂回流动，使径流由直流变为绕流，延长了地表径流，增加了雨水入渗，而且根系分泌物及腐殖质对土壤具有黏结作用，减少土粒冲刷与淋溶，有效减少水土流失。

6.1.2 活树桩生态护岸加固机理分析

活树桩可单独应用也可与其他的植物固坡方法联合使用。单独使用时，常用于修复湿润土体的小范围滑坡。活树桩与黄麻或纤维网联合使用时，有助于控制浅层的土体流失、固定沉积物，可应用于堤坝、河岸、沟渠坡面的加固，埋置较深的活树桩还可以抑制岸坡的深层滑坡（徐中华 等，2004）。其作用机理主要如下：

（1）茎（杆）的支撑作用。锚固在土层中的树干可起到抗滑桩和扶壁作用，以抵抗滑坡产生的剪应力。

（2）根系加筋作用。根通过把土层中的剪应力转化成根的拉应力，从而增加土的抗剪强度。草本植物的根系在土中分布的密度自地表向下逐渐减小，逐渐减弱。在根系盘结范围内，岸坡土体可看作由土和根系组成的根-土复合体，植物的根系如同纤维作用，因此根系可视为带预应力的三维加筋材料而使得土体强度提高。

（3）植物荷重。植物的重量可以通过增加边坡土层中的正应力来增加土层中的抗剪强度。

（4）叶的蒸腾作用和对雨水的拦截作用，可以控制土壤中孔隙水压力的增加，从而提高土体的有效抗剪强度。

（5）控制表土的流失，拦截并固定沉积物。

6.1.3 木材炭化机理分析

木材主要由纤维素、半纤维素、木质素和木材抽提物等组成。纤维素在木材细胞壁中起骨架作用，其化学性质和超分子结构对木材的强度有重要影响。纤维素中的羟基和水分子也可形成氢键，不同部位的羟基之间存在的氢键直接影响着木材的吸湿和解吸过程。大量的氢键可以提高木材的强度，减少吸湿性，降低化学反应性等，且纤维素的吸湿性直接影响到纤维的尺寸稳定性和强度。木材经过高温热处理之后，羟基的浓度减少，化学结构发生复杂的变化，使炭化木的吸湿性降低，尺寸稳定性提高，但由于纤维素聚合度的降低，氢键被破坏，使得炭化木的力学强度有所损失。

半纤维素是细胞壁中与纤维素紧密连接的物质，起黏结作用，是基体物质，半纤维素吸湿性强、耐热性差、容易水解，在外界条件作用下易于发生变化，是木材中吸湿性最大的组分，是使木材产生吸湿膨胀、变形开裂的因素之一。木材经热处理后，多糖的损失主要是半纤维素，因而可降低木材的吸湿性，减少木材的膨胀与收缩，提高了炭化木的尺寸稳定性。又因为半纤维素在细胞壁中与木质素一起起黏结作用，受热分解后木材的内部强度被削弱。不仅削弱木材的韧性，而且也使抗弯强度、硬度和耐磨性降低。

木质素贯穿着纤维，起强化细胞壁的硬固作用。木质素还是影响木材颜色的产生与变化的主要因素。木材具有不同颜色还与细胞壁、细胞腔内填充或沉积的多种抽提物有关。抽提物对木材强度也有一定的影响，含树脂和树胶较多的木材其耐磨性较高。木材经过炭化之后，发色基团和助色基团发生复杂的化学变化，抽提物部分被汽化，使得木材颜色发生改变。

6.2 植物护岸

6.2.1 植物护岸选择的依据

选择合适的植物种类对于项目的成功实施非常关键。合适生态护岸植物对于拦蓄地表径流，延缓江河汇流时间，拦截地面泥沙，减少江河泥沙淤积，提高行洪能力，固定土壤，减少雨水对土壤的侵蚀，防止水土流失都具有重要的作用。研究组在进行护岸草种选择时，主要考虑了以下几个原则：

（1）依据当地的气候条件、土壤条件、种植的目的来选择。不同地区、不同气候条件及各处不同的土壤组成，对于植被的要求不一，有的要求耐酸性的植物，有的要求抗碱性的植物，有的要求能耐寒冷干燥的植物，有的则要求能抗高温的植物。

（2）符合河道美观的要求。现代的边坡绿化工程不仅要求在施工后对于边坡的稳定方面起一定的作用，而且绿化工程本身也要求对于边坡两边的植被进行协调，使施工后的环境与原有的周边环境一致。

（3）因地制宜原则。尽量利用当地的资源，①避免外来物种入侵而破坏当地的生态系统；②在播种后植物可以适应当地的气候、土壤条件（水分、pH 值等）等自然环境，利于生长。施工现场或区域附近已有物种对于护岸工程中植物种类的选择具有很好的参考借鉴作用。

（4）经济效益原则。从长期的利益来看，必须考虑所用的草本是否能满足一年内的季节交替要求和多年循环生长的需要，而不至于在施工后的一二年内又要对工程进行修补或重新施工。所以，尽量选择根系发达、生长迅速、抗逆性强（抗旱、抗寒、抗病虫害、耐贫瘠），多年生的植物。

同时，在进行植物护岸设计时，应该在满足河流基本功能为前提条件下综合考虑下列因素：

（1）植物生长对岸坡稳定的要求。断面的确定需要考虑四方面因素：①要保证足够的行洪断面，降低洪水位，满足防洪要求；②要考虑岸坡的稳定要求，可采用圆弧滑动法进行稳定计算；③要考虑植物栽培技术的要求；④要考虑土地的节约利用。

（2）植物配置要适应水位变化的要求。水文的变化对植物的生长会产生直接的作用，从而影响到植物护岸措施的效果。因此河流的有关特征往往影响到植物种类的选择和群落的构件以及植物群落在河床内的分布。

（3）植物配置要适应坡面水土保持的要求。植物根系具有加固坡岸的作用，植物的树冠、叶子则起到缓冲雨水击打坡面的作用同时，处于不同高程、不同水位变幅范围的岸坡位置，植物的选择会有不同的要求。对于靠近水际线的岸坡位置，主要考虑船行波和风浪流水的侵蚀。因此往往采用长根系，耐湿性好的乔木，常水位以下部分的岸坡可采用水生植物护坡，同时又对船行波起到缓冲作用常水位与洪水位区间的植物，主要考虑坡面雨水的冲刷，兼顾考虑短时间行洪时的水土保持要求，因此可采用灌木集合草本植物的方式。洪水位以上部分岸坡，由于长期处于水位线以上，要考虑耐旱的植物种类。

6.2.2　植物护岸的选择

护岸植物的主要作用是减少降雨对坡面的冲刷、防止水土流失及美化环境等，因此可以与景观规划结合起来，选择一些抗逆性强（包括抗旱性、耐淹性、抗热性、抗寒性、抗贫瘠性及抗病虫害性等）、耐旱、耐碱性同时具有一定观赏性的植物。根据植物的多样性理论，植物的多样性能使生态系统更趋向稳定同时也将促使处于平衡的群落容量增加而令生态系统更加稳定（耿玥 等，2013）。基于此，护坡植物采用多种种子混播更易于形成稳定的植物群落。根据植物种的多样性理论，确定混播植物的选型原则：①每种植物要满足坡面植物的选型原则；②多种植物相互搭配，以减少生存竞争的矛盾，考虑浅根与深根的配合、根茎型与丛生型的搭配等；③不同植物的发芽天数尽可能相近，否则有可能造成发芽缓慢的植物很快被淘汰（周德培 等，2003）。

从以上所述的要求来说，应依据具体的工程项目进行草种的选择，常见的适于河流护岸的草种相关性能见表6.1，具体内容如下。

1. 狗牙根

狗牙根禾本科狗牙根属多年生草坪植物，分布于松软的土表下叶短、扁平，在每片叶的基部边缘有白色的毛，叶鞘毛状，扁平。总状花序，花期6—8月。颖果矩圆形，长0.9～1.0mm，淡棕色或褐色，广泛分布于我国长江以南地区及西南部分地区。狗牙根有较长的生活年限和很强的适应能力，可以通过种子、地下茎、地上匍匐茎迅速繁殖增生。狗牙根有白色而坚硬的匍匐茎，匍匐茎扩展能力很强，长可达1～2m，耐阴性和耐寒性较差，耐践踏，侵占能力强（夏汉平，2002）。

狗牙根栽培管理方便，适应性广，只要在适宜的温度和充足水分的保证下，可在任何时候播种成功。狗牙根喜阳光而不耐阴，在树荫下或建筑物阴影里生长不良，甚至退化死亡，在寒冷的冬季枯黄休眠。对土壤肥力要求高，在贫瘠的土壤中易受杂草侵入危害。虽然有缺点，但其易繁殖、适应性广、抗病性强、耐干旱性能强、多年生、有发达的根系和地下茎，根系直径较小，须根数量较多，根系弹性模量较大，随着根系须根数量的增多，土体的抗剪强度和边坡土体的抗滑移能力都提高（嵇晓雷，2013），被广泛应用到园林绿化、公路、机场、江河护岸，在水土保持方面起到重要作用。狗牙根适宜于在湖南、湖北、安徽、江西、江苏、上海、四川、福建等省（直辖市）种植，是良好的固土护岸草种。狗牙根可以与多年生黑麦草、高羊茅等冷季型草混播，用于水土保持工程，效果优于单播狗牙根。

2. 高羊茅

高羊茅为羊茅属植物，又叫苇状羊茅，性喜寒冷潮湿、温暖的气候，在肥沃、潮湿、富含有机质、pH值为4.7～8.5的细壤土中生长良好。耐高温，喜光，耐半阴，对肥料反应敏感，抗逆性强，耐酸、耐瘠薄，抗病性强。它为多年生草本，丛生型，须根发达，适应性广，并具有耐寒、耐践踏、与杂草竞争力强等特性。其原产地为欧洲，在我国新疆、东北中部湿润的地区均有种植。高羊茅作为生态护岸的草种在边坡上种植弥补了一些草种冬季枯死导致河岸以及岸坡受到破坏，由于高羊茅的耐寒性强可以四季常青，更加符合生态化。

3. 香根草

香根草是禾本科多年丛生的草本植物，在华南、华东、西南等地均有分布。香根草密集簇生，根系粗壮密集呈网状向纵深发展，生长速度快，一般深达2～3m，有“世界上最长根系的草本植物”之称（张宏波 等，2008）。香根草的直立茎坚挺，可贴近地表形成致密永久的绿色覆盖层，且不具有匍匐茎和根茎，不会成为农田杂草（毛萍 等，2011）。香根草适应气候的能力强，耐热性与耐寒性都较好；光合作用能力强，对光照要求不高，在阳坡或半阴处都能生长，具有水生和旱生两大特点，能抵御极度干旱和长时间的水涝，适应特别广的pH值范围，不管肥力如何，均能在任何类型的土壤上生长，在温度低至－9℃的条件下生长不受影响，被世界上100多个国家和地区列为理想的保持水土的植物。香根草耐旱、耐涝能力极强，在连续干旱或完全水淹条件下仍能生长，对土壤要求不严且适应性强，在异常贫瘠或强酸、强碱等逆境下均能正常存活生长。

香根草可快速簇生成丛，地上部分形成致密的绿篱带，根系穿透土壤增加了土壤渗透性，使地表径流缓慢地渗入土壤中增加其含水量，实现水土保持的作用。根系强度高，生长快，适应性强，在雨季可增强边坡土壤黏附力，防治浅层滑坡，起到固土疏水的作用（姚环 等，2007）。其网状根与边坡土壤牢固结合，形成共同体，改善土体的物理学特性，提高边坡的整体强度，增强边坡稳定性，起到了加筋支撑的作用（郭香莲，2016）。据研究表明香根草根系的抗拉强度最大达到85mPa，相当于钢强度的1/6，抗拉强度基本上代表根系材料的受力潜能，根系的抗拉强度代表根系网的固土刚性。香根草固土护岸能力强，是非常理想的护岸草种材料，可广泛应用于崩岗、滑坡的治理，公路、铁路、边坡的稳定及河岸护堤，尾矿拦沙坝的稳定和植被恢复等工程（程洪 等，2002；程洪 等，2006）。总之，香根草通过茎叶绿篱作用、根系固土作用和微生态环境作用已成为一种重要的植物护坡型式（张宏波 等，2008）。

4. 麦冬草

麦冬为百合科沿阶草属多年生常绿草本植物，分布于江西、安徽、浙江、福建、四川、贵州、云南、广西等地，对土壤要求疏松肥沃、排水良好、土层深厚的砂质壤土。麦冬生长期较长，休眠期较短，较耐寒，在－10℃气温下不致冻死，在南方能露地越冬。麦冬根系发达，耐旱，适应性强，可在河坡、树穴、石缝等处均可正常生长，麦冬草冬季常绿，全年不落叶，是重要的药材和绿化植物，具有拓展绿化空间，美化景观，发挥更大生态功能的作用。麦冬草病虫害少，播种一二年后即长势强健，仅靠自然降雨即可正常生长，无须修剪，管理非常方便，用于河岸护岸可以节约大量的养护费用。

5. 黑麦草

黑麦草为四倍体一年生植物，具有不易倒伏、发芽快、再生迅速和高产的特点，特高黑麦草能增肥地力，促进后作生长。黑麦草耐寒耐热性均差，不耐阴，较能耐湿，但排水不良或地下水位过高也不利黑麦草的生长。综合黑麦草的以上特点，在活木桩附近种植黑麦草可以为活木桩提供肥料，促进活木桩的快速生长。另一方面，黑麦草具有增强土壤中多酚氧化酶活性而提高植物对菲和芘的降解率。土壤自身具有修复多环芳烃菲的自然本能，种植黑麦草具有强化土壤修复菲和芘污染的作用（丁克强 等，2002；高彦征 等，2005）。可见黑麦草对土壤污染的修复可起到一定作用，对于恢复和维持河流生态健康具有积极作用。

6. 假俭草

假俭草为禾本科蜈蚣草属多年生草本植物。植株低矮，高仅10～20cm，具有贴地生长的匍匐枝，根深耐旱，耐贫瘠，耐阴性好，耐践踏，成坪快，覆盖率高，草层厚4cm左右，以耐粗放管理而著称。假俭草耐水淹能力较强，水淹后生长较快，是江河湖堤防治水土流失的优良草种。

7. 马尼拉

马尼拉草又名沟叶结缕草，属于多年生草本，具横走根茎，须根细弱。秆直立，高12～20cm，基部节间短，每节具一至数个分枝。原产亚洲、澳洲热区海滩湿地，我国台湾、海南、广东、广西的海滩沙地有自然分布。它是依靠根体段或截枝无性繁殖的多年生草本植物。它的根系生长速度快且须根丰富，具有强盛的根系网系统，地面可长成茂密的绿色覆盖层。主要生长特性有：①匍匐茎着地节节生根。在干旱条件下根系可深入土壤40cm以下处吸收水分。根为须根，细而弯曲，根毛多。②匍匐茎节节抽发直枝、直立枝节节生叶。③匍匐茎水平扩展力强。匍匐茎在生长期，顶芽的分生力强，不断产生新节，有时每昼夜可长1～2cm长的节。直立枝具有节上分枝和基节再生能力，使其耐践踏。④季相变化。草坪在冬季干旱，低温条件下，根系吸收力下降，使匍匐茎顶芽停止生长、茎节干缩角质化，植绒层逐渐枯黄。到春季气温回升，根系吸收活化，匍匐茎的茎节不断抽发，使植绒层逐渐返青。

马尼拉草广泛生长于温暖潮湿、温暖半干旱和过渡地带。每年的春季和夏季是生长高峰期，对土壤的适应能力很强，抗旱性和抗涝性极好，另外它还具有很强的耐盐性；较耐寒，耐阴性好，耐践踏。马尼拉草不仅自身极少感染或传播病虫害，还具有很强的抵御各种灾害的能力，一旦栽植成功，它就能够存活生长数十年以上，有较好的经济效益。

马尼拉草的根系是一种有生命的固体有机介质：就它的力学特性内涵而言，与其他的无生命固体无机物是近乎相似的，即它的力学特性主要包含变形（或抗变形）特性和强度（或抗破坏）特性两方面。它的强度特性包含抗拉，抗剪和抗压强度。有研究表明马尼拉草根系的抗拉力（强度）较大且差异变化范围也较大，其根系的抗拉力的群根效应土层突出，即抗拉力随草根数（集群度）的增加而成线性增大，不论是长根还是短根，草根的抗拉力与草根的数量呈正相关关系。马尼拉草总根数的90%集中分布在地表以下0～30mm的土层内，根系密度大约在1%～8%范围内。在单位土体内含根量增多到适当比例能起到改善土的工程力学性质的良好功能，具有固土和提高土体边坡稳定性的显著作用，使用马尼拉草保持水土已经是国际公认的一种成功有效的实用技术。实践证明，一旦种植成功，能快速簇生成丛，在地面或斜坡上形成致密的绿篱带，茎叶重叠交叉，有效拦截地表径流和泥沙。有试验观测研究表明：坡面或地面种植马尼拉草，可使坡面径流降低

表 6.1　　常见的适于河流护岸的草种性能表

草种名称	株高/cm	根系长度	成活率/%	覆盖度/%	植物的生长特性	耐旱、耐淹性能	抗逆性
狗牙根	株高 10～30	平均 12cm	95	≥70	性喜温暖湿润的气候，在日均温24℃以上的地区生长最好，6～9℃几乎不生长，一旦轻霜，叶即变黄，在−2～−8℃时地上部枯死	耐旱性强；半淹 10d 时，叶子开始出现萎蔫；半淹 40d 后，根部开始腐烂。全淹 3d，根部叶子开始出现萎蔫，5d 时叶子出现不同程度的萎蔫，10d 后整个植株呈现大面积萎蔫，20d 后整个植株出现枯败	喜阳光，不耐阴，耐寒性较差。适宜土壤 pH 值在 5.5～7.5 之间
高羊茅	一年生，高 8～30	大部分集中在 4～8cm 深的土层内	95	≥90	性喜寒冷潮湿、温暖的气候，播种时间宜在 3 月中旬或 9 月中、下旬。耐瘠薄，养护中应避免施过多肥料，不耐高温；喜光，耐半阴	不耐高温，喜光	抗逆性强，耐酸、耐瘠薄，抗病性强。适宜土壤 pH 值在 4.7～8.5 之间
香根草	高 1～2.5m，直径约 5mm，中空	可长至 2～3m 深，最深达到 5～6m	95	一般 90	能在任何类型的土壤上生长，适应性很强。香根草根系数量多，在土壤中成网状密布，与土壤接触面积大，黏附力强，护岸效果好。根系的抗拉强度大，达到 40～120MPa，平均 75MPa	耐旱能力很强，在高温干旱条件下停水可持续 24～42d	适应性广、抗逆性强，在−10～45℃的地区均可生长。适宜土壤 pH 值在 3.0～10.5 之间
麦冬草	株高 14～30	麦冬草的根很粗；一般根长 10～50cm	95	可种植 60～100 棵/m^2	喜温暖湿润，最适生长气温 15～25℃，冬季常绿，全年不落叶，宜在疏松、肥沃、湿润、排水良好的中性或微碱性砂壤土种植，降雨充沛的气候条件 5～30℃能正常生长，低于 0℃或高于 35℃生长停止，生长过程中需水量大，要求光照充足	耐旱，适应性强，不宜积水	较耐寒，忌强光和高温。适应中性或微碱性砂壤土种植
黑麦草	秆高 30～90；叶长 4～12	根系发达，须根主要分布于 15cm 表土层中	95	90	短根茎，茎直立；丛生，喜肥不耐瘠，适宜在排水良好、湿润肥沃。难耐−15℃的低温，35℃以上易枯萎死亡	不耐阴，能耐湿，不耐旱，夏季高温干旱对生长极为不利，耐寒耐热性均差	不耐热，耐寒性中等。适宜土壤 pH 值在 6.0～7.0 之间
假俭草	可达 30	一般 16～25cm	95	≥80	绿色期长，喜阳光和疏松的土壤，若能保持土壤湿润，冬季无霜冻，可保持长年绿色。耐修剪，抗二氧化硫等有害气体，吸尘，滞尘性能好	耐旱性强；涵宇一号，成坪后水淹 50d 左右，退水后 7d 左右开始恢复生长，耐淹性极好	耐阴，较耐践踏，具中等耐寒性。耐涝性、耐碱盐性差。适宜土壤 pH 值在 4.4～5.5 之间

续表

草种名称	株高/cm	根系长度	成活率/%	覆盖度/%	植物的生长特性	耐旱、耐淹性能	抗逆性
马尼拉(沟叶结缕草)	高12～20	大于20～30cm	98	≥90	喜温暖、湿润环境。生长势与扩展性强,草层茂密,分蘖力强,覆盖度大。适宜在深厚肥沃、排水良好的土壤生长,也适合种植在盐碱地	耐旱性强;半掩5d根部腐烂,全淹10d植株大面积萎蔫	耐盐碱,略耐寒,耐瘠薄、病虫害少,略耐践踏
百喜草	株高15～80	可达1～1.3m	95	≥90	生性粗放,对土壤选择性不严,分蘖旺盛,地下茎粗壮,根系发达。种子表面有蜡质,播种前宜先浸水一夜再播种,以提高发芽率	耐旱性很强;可半淹:形态上与没有淹水无明显差别,全淹生长良好:全淹2d,叶子表面附着小气泡,10d形态上与未淹水无明显差别,气泡逐渐减少,20d根部开始有零星的泛黄现象,30d后叶子大面积泛黄,50d后植株大面积萎蔫	耐热性极强,耐寒性尚可,耐阴性强,耐踏性强
结楼草	自然株高12～15	最长达到30cm	98	≥80	适应性强,对土壤要求不严,喜光,喜深厚肥沃、排水良好的砂质土壤,气温20～25℃生长最盛,极少出现夏枯现象	耐旱性很强;半掩5d根部腐烂,全淹10d植株大面积萎蔫。	耐贫瘠,耐寒性很强,草根能在−20℃左右安全越冬。适宜土壤pH值在6.5～8.0之间
牛筋草	一年生,高15～90	韧如牛筋的茎及其根系发达	95	≥90	对土壤要求不高,要求光照充足,适宜温带和热带地区。在环境条件不适宜萌发时,种子会休眠,在土壤中多年,仍有生活力。通过有性和无性两种方式繁殖	根系发达,吸收土壤水分和养分的能力很强,而且生长优势强	它的生长时需要的光照比较强,土壤要求不高
白三叶	生长期达6年,高10～60	主根短,侧根和须根发达;根系集中分布在表土15cm以内	95	可播种10～15g/m²	对土壤要求不高,喜欢黏土耐酸性土壤,也可在砂质土中生长。长日照植物,不耐阴蔽。最适于生长在年降水量800～1200mm的地区,最适温度为16～24℃。在积雪厚度达20cm、积雪时间长达1个月、气温在−15℃的条件下能安全越冬。在平均温度≥35℃、短暂极端高温达39℃时也能安全越夏	具有一定的耐旱性,35℃左右的高温不会萎蔫,竞争能力强,不耐长期积水	适应性广,抗热抗寒性强,不耐盐碱。适宜土壤pH值在4.5～7.0之间

60%～73%，侵蚀量减少93%～98%。因此种植马尼拉草能可有效地保护边坡面，极大降低坡面侵蚀损伤，显著地提高边坡稳定性，具有良好的生态环境效应。

6.3 活木桩生态护岸

传统的工程防护往往过分追求结构的强度功效，破坏了生态的多样性和平衡性，与周边的自然环境格格不入，当坡面采用工程防护后，由于缺乏植物生长的环境，被破坏的植物很难迅速回复，生态效果极差。随着时间的推移，混凝土和浆砌片石都会风化老化甚至造成破坏，后期治理费用高。

活木桩生态护岸技术是将生命力强的活木桩打入土层，然后再在活木桩的周边植草，一段时间后，木桩就会长出根和枝叶，从而起到对边坡的加固和防护作用。对于活木桩的选择，应考虑适应性强、容易成活的种类，例如，刺槐、垂柳、杜仲、毛白杨的直树干（岳军声 等，2009）。

6.3.1 活木桩设计

1. 活木桩生态护岸坡面设计

活木桩生态护岸可以采用活性木桩＋木格和木竹栅栏护岸结构，典型设计断面如图6.1所示，主要包括活性木桩、木格、栅栏、坡面防护系。在坡体表面设坡面防护系，根桩锚固系穿过坡面防护系植入坡体浅层1.5～2.0m，联合形成坡体浅表层生态护岸网。

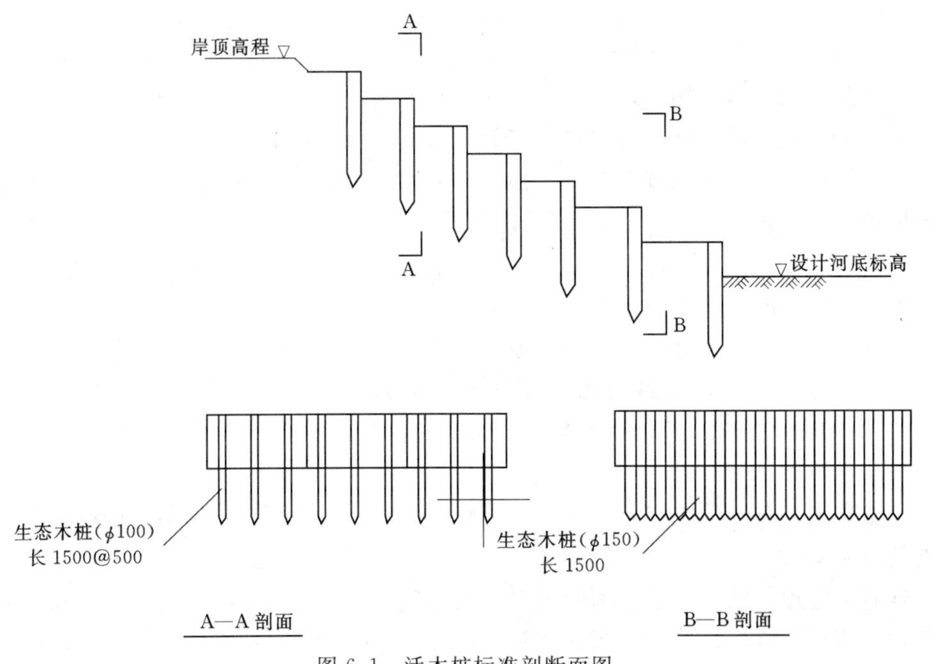

图6.1 活木桩标准剖断面图

其中活性木格规格为150cm×70cm×80cm（长×宽×高）。活性木格框进行防腐处理；每个木格打三个直径10cm的木桩；直径10cm的木桩桩长1.5m，如果地质条件不好，最好打2m长的木桩，打入后高度应与木格齐平；打入木桩均在每层木格的侧面。

然后在活木桩护岸机理分析基础上，进一步设置更细致的计算工况，分析活木桩桩长、桩数、桩径、植入角以及边坡坡高、坡率等影响因子对活木桩固坡作用效果的影响规律，为活木桩植草护岸结构优化设计提供技术参数。

2. 活木桩生态护岸坡底设计

有研究表明，活木桩固坡的最佳加固位置在距离坡脚约0.3倍坡面长度附近，距离该位置越远，树桩的加固效果越差。活树桩固坡的最佳入土角度并不是垂直于坡面，当活树桩与竖直方向的角度约55°时的加固效果最好（徐中化 等，2004）。在本研究试验过程中，考虑到松木中富含油脂防腐能力强，取材容易，施工工艺简单易行，造价较低，同时松木桩用于岸坡固脚时具有一些独特的性能：

（1）比强度大，具有轻质高强的优点。松木桩属轴向受压的木结构，材料的正交异性强度可以充分发挥。

（2）在适当的保养条件下，有较好的耐久性。松木桩打入土中，由于工作环境与空气隔绝，桩的耐久性是可以保证的。

（3）当林木资源比较丰富廉价时，具有显著的经济效益。

设计方案应用在河流岸坡固脚时，采用松木桩结合抛石加固，同时，在松木桩上嫁接植物树枝，嫁接口使用油漆封口，减少了松木桩内水分的蒸发，还可以绿化环境。

6.3.2 活木桩生态护岸施工

活木桩生态护岸施工时的施工工序为：

（1）边坡清刷。首先清除坡面石块、杂草、杂物等，然后对边坡上部进行清刷降缓坡度，坡面凹陷处用土填平拍实，尽量较好地平整坡面。

（2）测量放线。坡面整平后用白石灰放线取点，确定锚设活木桩位置。

（3）锚设活木桩。先在坡面上钻挖桩孔，然后将装有木质定位支架的活木桩安放到桩孔，再回填有机保水基材，密实成型；其中在进行活木桩选择时，应选三年生木径5～8cm、长1.0～1.5m的活木桩，把木桩底端剔成45°斜口，安放到桩孔前应在浓度为1∶100的生根粉水液体中浸泡1min。

（4）播种草种。在坡体表面以根桩为中心开槽砌筑骨架，在骨架边缘设镶边挡水砖块形成坡面排水槽，沿坡体纵向每隔20～50m在坡面设置一道横向集中排水沟；同步在横向排水沟中间设伸缩缝；最后将有机保水基材回填在骨架中间并喷播草籽，压实成型。

（5）覆盖无纺布。施工完成后及时用无纺布把整个坡面覆盖，保温、防晒保证草种和活木桩的成活率。

（6）养护管理。植物种子喷洒后根据边坡干湿度进行浇水保温。高压喷雾器使养护水成雾状均匀地湿润坡面，注意控制好喷头，与坡面的距离和移动速度，保证无高压射流水冲击坡面形成径流。使得草种保持湿润10d左右，保证植物种子充分吸水发芽。在随后的一个月内，由于植物根系还不发达，需要保证每周浇两遍水。同时勤于观察病虫害，及时发现及时喷药，草种发芽后应及时对稀疏无草区进行补播。

6.4 木框炭化

6.4.1 木框防腐技术的比选

1. 炭化木和防腐木的比选

防腐木是目前市场广泛使用的、为提高木材使用寿命经过防腐剂防腐处理的木材。防腐处理的药剂种类较多，市场上采用的主要有CCA防腐木和ACQ防腐木两种。目前国内市场大量使用的是CCA防腐木。

炭化木就是通过高温环境（160～230℃）对木材进行长时间的热解处理而得到的木材。炭化处理是纯物理处理技术，不添加任何化学药剂，所以是环保的防腐材料。

2. 炭化木和桐油处理木材防腐比选

桐油涂在木材表面具有防水和防腐的基本功效，但因为用桐油处理木材只能涂饰在表面，对木材内部的环境没有根本的改变，木材或多或少都含有水分，在户外环境中阳光照射下非常容易使木材升温，为各种厌氧菌滋生创造了条件。这些细菌正是蛀蚀木材的祸首之一。除此之外，在阳光的照射下，桐油极易分解使得木材表面很快失掉保护层和桐油固有的色彩，表面形成斑驳陆离的景象。每年都要重复进行桐油处理，既费钱又费事还很难达到希望的效果。因此对普通木材，桐油处理是无法从根本上解决防腐处理问题的。

木材炭化技术，也叫木材高温热处理技术，是将木材放入高温、无氧或者低氧的环境中进行一段时间热处理的物理改性技术。本项目在实施过程中，为了提高木材的耐久性，对木格框的木材采用了碳化技术进行防腐处理，以提高材料的耐久性和减少对环境的污染。

3. 炭化程度比选

深度炭化木也称为完全炭化木、同质炭化木。是将木材全部置入高温热处理设备中进行同质处理，处理之后木材由芯层到表层颜色一致，吸湿性能下降、尺寸稳定性能显著提高、耐腐性能增加。本研究开展的是深度炭化技术方法。

表面炭化木也称为工艺炭化木、炭烧木。是用氧焊枪烧烤，使木材表面具有一层很薄的炭化层，对木材性能的改变可以类比木材的油漆，但可以突显表面凹凸的木纹，产生立体效果。

6.4.2 木框炭化处理

试验中所选用的松木是热处理最适宜的材种之一，通常用于室外，且热处理工艺较剧烈，存在的问题是松木处理后流出的松脂，会给处理设备及后期加工带来麻烦，但同时脱脂松木的使用途径会有所扩大。经热处理后的木材与未处理木材相比，最显著的变化是平衡含水率的降低，继而与相关的胀缩性均有所改善。试验证明当处理温度超过200℃时，松木的耐火性和耐腐性较好，但强度有所减低。

在本试验中，对活性木格进行的炭化处理过程包括4个阶段：①预热阶段；②升温干燥阶段；③炭化处理阶段；④降温调湿阶段。本项目中使用的松木处理工艺为蒸汽处理处理工艺。蒸汽处理工艺处理过程中，用水蒸气来防止木材燃烧，处理环境中氧气含量控制在3%～5%以下。

处理过程分为3个步骤：①升温过程，包括预热、高温干燥以及再升温阶段；②热处理阶段；③冷却及平衡阶段。

松木经过炭化处理后，在防腐性和尺寸稳定性提高的同时伴随着力学强度的损失，抗干缩湿胀率提高40%，静曲强度减20%，具有良好的尺寸稳定性。密度获得合理分布，表面硬度和耐磨耗度均比未处理材木有大幅度的提高。

6.5　石笼护岸技术

石笼抗冲刷能力强，安全稳定性好，而且透水透气，孔隙率大，有利于水生动物和微生物的生存和繁衍，面层植草有助于坡岸的水土保持和污染物的拦截，而且加强了景观效果。

石笼生态护岸是用镀锌、喷塑的铁丝网笼或者竹子编的竹笼装上碎石后组合成台阶状护岸或者堆砌成挡墙型式，可在其表面覆土或铺设无纺布拦截泥沙，以供植物生长发育，也可在石块间进行插枝，促使植被生长。石笼护岸属柔性结构，挠曲性好，抗冲刷性能好，适用于坡度大、流速高的河道断面。

为延长石笼的使用寿命，防止钢丝锈蚀及腐蚀，对钢丝表面可采用镀锌层及PVC涂层处理。

6.5.1　石笼护岸技术特点

石笼护岸具有以下四个方面的特点：

(1) 较好的生态性。由于石笼的空隙较大，为使植物能早日生长，要给石笼覆土或填塞缝隙，采用微生物及各种生物，在漫长岁月的加工下，形成松软且富含营养成分的表土，实现多年生草本植物自然循环的目标。

(2) 较强的透水性。用块石笼叠砌成的岸坡，由于网箱内的填充料为松散体，存在较多的空隙，充分保证河岸与河流水体之间的水分交换和调节功能。

(3) 较好的抗冲性。石笼网护岸，结构整体性好。石笼网垫防护工程中的块石即使产生位移，此时变形后的护垫结构将调整，达到新的平衡，而整体不会遭到破坏，从而可有效保护岸坡土壤不遭破坏。

(4) 较好的柔韧性。石笼网的原材料可采用涂膜热镀锌低碳钢丝，构成网格的钢丝有一定的强度，不易被拉断，箱笼整体强度较高。低碳钢丝承受适度的变形特点，可以将全部工程连成整体，不需分缝，即使某种原因使结构中断裂一根网丝，也不会影响结构的整体性。

6.5.2　石笼护岸施工工艺

石笼护岸施工工序：边坡整理→铺设土工布→铺设石笼网→石块装笼→覆土→播种→上覆盖土→浇水养护。

1. 边坡整理及反滤材料铺设

石笼护岸施工对基础开挖的高平整度要求可以减少水流对基础的冲刷，在基础开挖后铺上10cm碎石垫层、10cm粗砂垫层和土工布，由此形成的反滤体可以在一定程度上确保石笼的稳定和保护岸基土体。

2. 安装石笼网箱

将每一组石笼或护垫在施工地点附近的平整场地上打开，弄平折叠的部位，同时应该避免损坏笼体和网线表面保护层。用绑丝将笼体组装成矩形状，绑扎方法一般有两种：①连续缠绕；②按一定间距绑扎，绑扎间距一般为200～300mm，可根据设计要求选择绑扎方式。

3. 填充石料

将组装好的笼体铺设于施工面上，并与相邻的笼体绑扎连接，填充石料不得一次填满一格，每层一般分3次投料最佳，用以保证石笼形状完整。每次填充后，分别在1/3和2/3高度处加向内拉筋一根，平均4处/m^2。拉筋材质也为高强度的镀锌低碳钢丝。

4. 封盖

填充完石料后将顶部石料铺砌平整，盖上笼盖，利用封盖夹先行固定角端与相邻结点，并绑扎连接。如果采用分体式笼盖，则要等全部笼子填充完后才能铺设笼盖，并沿笼体和隔片边缘依次绑扎，绑扎线应用与网箱相同材质的钢丝。

施工注意事项：①铺设石笼网时网间上下左右要连接好，坡脚要有足够的埋深；②石块装笼时要保护好土工布，笼底选择较小的石块，从下而上石块按从小到大安放；③石笼的空隙间必须认真覆土，否则不利于植物的生长。

第7章　小河流生态护岸技术的应用示范

7.1　示范区所在地概况

7.1.1　流域情况

黎川县位于江西省中偏东部，也是抚州市东南面，四邻七县（市），地处武夷山脉中段西麓。东与福建省光泽县、邵武市交界，南与福建省的建宁、泰宁两县为邻，西毗南丰县，北联资溪县，西北与南城县接壤。地势为东南高、西北低，东西宽 49km，南北长 68km。

龙安河发源于江西、福建两省交界的黎川县德胜镇与樟溪乡边境上的百家畲村，河源位于东经 117°00′，北纬 27°06′。自南向北流，经樟溪、宏村、龙安、中田等地，在中田乡港口村从左岸汇入黎滩河（洪门水库），河口位于东经 116°49′，北纬 27°21′。龙安河主河道长 69.2km，全流域面积 536km。平均落差 400m，加权平均比降 6‰，属山溪河流。上游为山区、下游为丘陵区，植被较好，中下游农田较多，水土流失程度一般。

樟溪水山洪沟系龙安河支流，发源于黎川县坎岭，河源位于东经 116°47′，北纬 27°01′。自西南向东北流至沙前排后，折向西北，在宏村镇入龙安河，河口位于东经 116°50′，北纬 27°07′。樟溪水山洪沟主河道长 16.10km，全流域面积为 66.30km^2，平均落差 270m，加权平均比降 6.9‰，属于山溪河流，植被较好。根据《黎川县山洪灾害点示意图》，属于山洪灾害易发区。

宏村镇地处武夷山脉、黎川县南部，全镇东西长约 16.8km，南北宽约 10km，全镇总面积约 113.3km^2。全镇设 1 个街道居民委员会、辖有中湖、沙下、孔洲、光辉、丁路 5 个村委会、71 个自然村，现有人口约 1.7 万人。

本次设计的防洪保护区为宏村镇镇政府上游河段，地处樟溪加油站，总长 500m。该区域内的樟溪水河段，属典型的山溪性河流，河道宽窄不一（10～60m）、断面不规则，两岸多为中低山丘陵地形、现状无堤，大部分河岸杂乱、低矮、抗冲能力低；部分陂坝阻水壅水、河道淤塞、行洪不畅，已影响到当地居民的生产生活安全，不能适应当地的经济社会发展要求。

7.1.2　气象

1. 气象台站的分布和观测情况

本工程附近设有黎川县气象台站，该气象台站为县级气象观测点，具有较可靠的资料和精度。黎川县气象台站 1957 年设立并开始观测各项气象要素，至今已有连续的 50 多年观测资料，观测项目有气温、温度、蒸发、风向与风速、降水等。由于黎川县气象台站距离本工程较近，因此，本项目的主要气象要素特征值均采用黎川县气象台站的实测数据与资料。

2. 主要气象要素

宏村镇防洪工程所处区域属亚热带湿润季风气候区，雨量充沛，日照充足，四季分明，根据黎川气象台站实测资料统计，其主要气象要素特征值为：

气温：区域内多年平均气温为18.1℃。

湿度：区域内多年平均相对湿度为81%。

蒸发：区域内的多年平均蒸发量为1311.3mm，最大年蒸发量为1606.1mm，最小年蒸发量为1134.8mm。

风向与风速：区域内多年平均风速为2.3m/s，年最多风向为北到东北风。

降水量：根据黎川站实测降雨资料统计分析，本区多年平均降水量为1755mm，实测最大年降水量2472.1mm，实测最小年降水量为1110.5mm，降水量年际间变化较大，同样降水量在年内分配也很不均匀，雨季主要集中在上半年，并以4—6月最为集中，占多年平均降水量的50%；5—6月是大雨或暴雨多发季节，降水强度大，时间集中，往往引起水位猛涨，造成洪涝灾害。

7.2 总体设计

7.2.1 设计总体思路

生态治理示范河段以防洪、生态为主要功能；以满足防洪要求为基础，河道护岸以近自然型的河岸生态治理理念为原则，从生态系统结构和功能的整体角度出发，恢复自然河岸的“可渗透性”，加强河道的自净能力，为生物栖息创造条件；保证农业灌溉排水，农民生产生活，能够实现“洪期防水淹，旱期有水用”的目的，营造多样化的河川形态，塑造多自然型的河岸，以实现人水和谐共处的最终目标。

7.2.2 设计原则

示范河段的防洪设计以满足防洪标准、结构安全经济合理为原则，优选设计方案；河流结构设计坚持就地取材原则，河道护岸以石笼、木材、块石和草皮为主要材料，做到因地制宜；根据河道所处环境，设计河道功能，尊重自然，选择适宜的植被布局，创造人与自然和谐统一的河道空间。

7.2.3 设计总体布置

该示范河道既要满足防洪要求，也要满足该区域规划设计要求，同时考虑示范区研究的主要内容。对该河道总体布置，对原河床加宽，基本保持原河道走向，两岸护岸型式多样化，防冲段采用石笼护岸、生态混凝土护岸和草皮护岸型式，漫滩段采用抛石护底，铺设块石和草皮护岸的型式。河流两岸均采用不同的生态护岸型式包括生态混凝土护岸、活性木格护岸、三维土工网垫生态护岸、土工格室生态护岸、斜坡式石笼网护岸与台阶式石笼网护岸。河道总体平面布置做到施工工序顺畅、布局合理紧凑、功能分区明确的原则。

7.3 水文设计

7.3.1 水文基本资料

宏村镇防洪工程所在的樟溪水山洪沟流域内没有设置水文站测站，邻近流域的水文站有黎川、东坑站，现将各站分别介绍如下：

1. 黎川水文站

黎川水文站位于黎川县城，地理坐标为东经116°54′，北纬27°18′，站址以上控制流域面积618km，1958年6月由抚州水文站设站，观测水位、流量、降水量，1960年增测水温，1963年停测，1964年增测含沙量，1969年停测，1973年恢复含沙量和颗分，该站1969年后改为洪门水库主要入库观测站。

黎川站测验河段较顺直，河床系泥沙卵石组成，左岸为块石护岸，右岸防洪墙，基本水尺断面下游200m处有沙滩，下游40km有洪门水库大坝，对本站有回水顶托影响，上游250m处有一弯道，河道右侧有严重泥沙淤积，断面上游约1670m有新丰桥和横港桥，上游社苹河支流上有燎源水库，约3km处为黎滩河与熊村水汇合口。该站基本水尺为木质直立式，另有岸式自记水位计1台，水尺位置在黎川公路大桥上游31.5m的左岸，水位观测系统为吴淞，经接测后换算成黄海高程为：黄海＝吴淞－1.646。

该站实测雨量、流量、水位资料1990年前均上报抚州水文局进行整编刊印，以后各年上报洪门水库管理局整编作为内部资料存档，2000年以后仅观测雨量资料，2009年该站改建为黎川县城暴雨山洪预警系统观测点，观测雨量及水位。

2. 东坑水文站

东坑水文站位于抚河流域盱江上游的驿前水上，站址控制集雨面积192km，于1970年1月开始观测水位、流量、降雨量。1981年因老断面变为急滩，年底上迁500m设立新断面，改为东坑（二）站，控制集雨面积187km²，干流长34km，河道平均比降17.72‰，1982年1月在新断面观测水位、流量、降雨量。测验河段顺直，河床组成为砂、卵石、石块。断面上游2.5km为驿前河与杨溪港汇合口，2000年由于杨溪电站蓄水发电，对该站的流量资料影响较大，因此于当年撤站。

7.3.2 暴雨

1. 暴雨成因与特性

黎川县属江西省的多雨地区，暴雨的主要成因是受季风影响。由于该区域地处武夷山脉中段西麓，降水主要受季风影响，其水汽主要来自太平洋西部的南海和印度的孟加拉湾，一般每年从4月前后起，降水量逐渐增加，5—6月冷暖气流持续交绥于长江中下游一带，形成静止锋，南北摆动，此时本省境内梅雨连绵，暴雨频繁。7—8月，海洋暖湿气团进一步加强控制本省，此时除有地方性雷阵雨及偶有台风雨外，降水稀少。冬春季，受来自西伯利亚及蒙古高原的干冷气团影响，降水亦稀少。境内暴雨类型一般有锋面气旋雨、台风雨和热雷雨。

根据黎川气象站1959—2010年共52年实测短历时暴雨资料统计分析，多年平均最大24h、最大6h、最大1h暴雨分别为118mm、72mm、45mm。

2. 设计暴雨

樟溪水山洪沟本次治理段上游流域及治理段在区域的设计暴雨可根据实测暴雨和《江西省暴雨洪水查算手册》两种方法进行计算经比较选用。

（1）根据实测暴雨资料计算设计暴雨。樟溪水山洪沟流域内仅有宏村一个雨量测站。但该站暴雨系列资料较短，且资料缺失严重，不满足设计要求。黎川气象站有1959—2010年共52年的实测短历时暴雨资料，工程所在位置距离距黎川气象站较近，故本工程实测暴雨系列直接移用黎川气象站的实测暴雨。根据黎川气象站实测年最大1h、6h和24h暴雨系列进行频率计算，经P-Ⅲ型适线计算得设计河段以上流域中心点的暴雨特征值、设计暴雨见表7.1。

表7.1　樟溪水山洪沟宏村镇以上河段设计暴雨成果比较表　单位：mm

计算方法	所在位置	时　段	均值	C_v	C_v/C_s	洪水频率		
						5%	10%	20%
实测暴雨	黎川气象站	最大1h	46	0.32	4.0		64.3	
		最大6h	72	0.35	4.0		106.7	
		最大24h	118	0.32	6.0		168.2	
手册暴雨	流域中心	最大1h	45	0.4	3.5	80.1	60.2	57.6
		最大6h	75	0.45	3.5	141.0	107.3	98.3
		最大24h	120	0.45	3.5	256.6	183.4	157.2
		最大1h	45	0.4	3.5	80.1	60.2	57.6
		最大6h	75	0.45	3.5	141.0	107.3	98.3
		最大24h	120	0.45	3.5	256.6	183.4	157.2
		最大72h	170	0.5	3.5	338.3	282.2	224.4

（2）由《江西省暴雨洪水查算手册》查算设计暴雨。江西省水文局在1986版《江西省暴雨洪水查算手册》（下文简称《手册》）的基础上，编制新的《江西省暴雨洪水查算手册》（2010版），并已批准使用。本《手册》是为江西省水文资料短缺的地区，作为中、小型水利水电工程（一般用于集雨面积在1000km以下的山丘区）进行安全复核及新建工程设计洪水计算的依据。根据《手册》中暴雨等值线图和偏差系数图可查得设计河段以上流域中心点的各时段暴雨参数，并由此计算的设计暴雨见表7.1。

（3）设计暴雨的采用。从表7.1中可知，由黎川气象站计算的20年一遇、10年一遇设计暴雨比由《手册》计算的成果小，由于樟溪水流域上游河道坡降较陡，洪水汇流快，为工程安全考虑治理区所在河段的设计暴雨采用由《手册》计算流域中心的成果，治涝洪水的设计暴雨采用由《手册》计算工程所在地的成果。

7.3.3 洪水

1. 洪水成因及特性

本工程所在区域内的洪水均由暴雨产生，因此洪水多发生在产生暴雨天气的5—7月。樟溪水山洪沟流域位于中高山区，山溪纵坡陡峻，故洪水具有历时短、汇流快、洪峰高的特点，从暴雨到洪水发生只有几个小时，一次洪水的过程多为1～3d。

2. 历史洪水

由于受台风降雨的影响，1998年6月22日，宏村镇镇遭到了百年未遇的特大暴雨，5h降雨量达90mm。因暴雨降雨量大，来势猛，时间长，致使山洪暴发，河水猛涨。据调查统计，全镇7个村（当时全镇有7个村委会）均不同程度受灾，受灾人口达5600人，农作物受灾面积390hm²，倒塌房屋46间，冲毁桥梁4座，陂坝19处，公路78km，造成经济损失1200余万元。受灾最严重的是丁路村，沙下村等到地，这次洪水冲毁房屋17户。

2012年3月对设计河段2010年6月18日发生的大洪水进行的洪痕调查，其成果见表7.1。

3. 设计洪水

樟溪水山洪沟的设计洪水：

(1) 根据设计暴雨计算设计洪水。根据《江西省暴雨洪水查算手册》中瞬时单位线法和推求公式法两种计算方法适用范围，用雨量推求设计洪水时，对面积小于30km²的流域，一般采用推理公式法；对面积在30～50km²之间的流域，一般亦采用推理公式；对面积大于50km²的流域，一般采用瞬时单位线法。本工程樟溪加油站以上流域面积为57.3km²，五里桥以上流域面积为61.0km²，河道的设计洪水计算采用瞬时单位线法。

设计洪水计算中，暴雨历时为24h，工程区位于产流第Ⅴ区，汇流第Ⅴ区。

单位线参数K根据工程所在水系（抚河水系）按式（7.1）计算。

$$m_1 = nK = 0.2324\left(\frac{F}{J}\right)^{0.303}\left(\frac{I}{10}\right)^{0.0810\lg\left(\frac{F}{J}\right)-0.374} \tag{7.1}$$

其中 $I = h_i/\Delta t$；

式中 n = 2.0，（F位于10～200km²之间）；

F——流域控制流域面积，km²；

J——控制断面以上主河道的加权平均坡降，‰；

I——时段净雨强度，mm/L；

h_i——时段净雨量，mm；

Δt——计算时段，h，$\Delta t = 3$h。

根据计算的单位线参数K和n值，查得相应的无因次设计单位线，然后与对应的时段设计净雨深相乘，最后错时段叠加，求得地面设计流量过程，且以地面流量为零时地下径流达到峰值，逐时段向前或向后减少地下径流，并与地面流量叠加，即为所求得的设计洪水过程线，根据设计洪水过程线可求得设计洪水成果。樟溪水山洪沟的设计洪水成果见表7.2。

表 7.2　　樟溪水山洪沟设计洪水成果表

断面位置	流域面积/km^2	暴雨计算 10 年一遇/(m^3/s)
樟溪加油站	57.3	177.6

（2）设计洪水合理性分析及采用。本次水文计算结果，与江西省重点地区中小河流近期治理项目《黎川县龙安镇乡镇防洪工程初步设计报告（报批稿）》（2012 年 8 月）中的龙安河龙安镇红卫坝处断面计算的洪水成果进行比对，洪峰模数约 8.9%。经分析，两流域暴雨成因相似，暴雨特征值也相近，但樟溪水山洪沟主河道加权比降龙安河要大，根据水文气象的一般规律，流域面积对洪水具有滞蓄作用，洪峰模数一般由上游向下游递减，樟溪水地处上游山区、集雨面积小、比降陡，产、汇流条件好，河道调蓄性能差，相应其洪峰模数大，这些特征表明计算成果符合地区洪水一般规律，基本合理。且本次水文计算成果计算方法正确，采用新的参数有理有据，故认为本次计算成果是准确的，可以作为河道治理的依据。

4. 设计枯水

由于迎流顶冲段护岸固脚及生态治理示范段的设计需要，需进行设计枯水位的分析计算。

根据黎川水文站历年实测水位资料分析，其枯水期一般出现在 10 月至次年 2 月，参照长江水利委员会《长江中下游护岸工程技术要求（试行稿）》的有关规定，本设计枯水期确定为 12 月至次年 2 月。依据黎川水文站作为代表站，统计其历年 12 月至次年 2 月平均水位，并计算其多年平均值，以此作为测站设计枯水位。经分析计算，求得黎川水文站设计枯水流量为 90.0m^3/s。

设计河道的设计枯水流量则根据面积比的一次方换算求得，然后再根据坝或河道的过流能力计算得到相应河段的设计枯水位。示范区设计枯水流量为 8.7m^3/s。

7.4　工程地质

7.4.1　地质概况

1. 地形地貌

黎川县樟溪水地处武夷山脉尾部，会仙峰山下，位于黎川县西南部属半山丘陵地带，地势东南高、西北低、中部平坦开阔，属冲积平原地貌，沿河流发育漫滩，黎川县樟溪水南侧分布的剥蚀低丘岗地，河流外围东侧亦有剥蚀低丘岗地分布。河流地表水系发育，沿堤线分布有长条状沟渠。

剥蚀低丘岗地：主要分布河流西侧及河流外围东侧，地形起伏较大，岗顶高程一般为 180.00～203.00m，冲沟发育。

河流Ⅰ级阶地：由第四系全新统冲积层构成，是河流区主要的地貌形态。河流以北地势较低，地面高程为 132.20～136.80m，其余地面高程为 136.20～144.70m，地势平坦。阶面宽为 400～2000m 不等。

河漫滩：由第四系全新统冲积层构成，沿黎川县樟溪水连续分布，宽窄不一。

2. 地层岩性

区域地层主要由第四系全新统（Q）松散沉积地层、第四系上更新统（Q_3）残坡积地层及燕山期（γ）侵入岩浆岩组成。

樟溪水河流区域内主要分布的地层由老至新分别为：

①燕山期（γ）：岩性为花岗岩，块状构造，粗粒结构，主要出露于圩区东段及北段的低丘岗地。据钻孔中揭露，整个圩区第四系覆盖层之下岩面高程为128.46～136.94m。

②晚更新统残坡积层（Q_3^{dl+el}）：为黄褐色黏土、壤土夹碎石，所含碎石量多，该层在勘察区内仅局部见有分布，主要出露于中段河道西侧，构成低丘岗地。

③全新统冲积层（Q_4^{al}）：治理河道区内分布广泛，是组成圩堤岸坡地基的主要地层，上部以壤土、粉质黏土、淤泥质粉土为主，下部为砂及卵石，具明显二元结构。

3. 地质构造及地震

黎川县樟溪水位于华南褶皱系的赣东南褶皱武夷隆起之武夷山隆断束构造单元中。区内基底褶皱强烈，断裂颇为发育，岩浆活动强烈，以加里东期混合花岗岩、花岗岩、燕山期花岗岩为主。由于区内覆盖层较厚，未见有明显断裂破碎带，白垩系红色砂岩呈单斜状，岩层倾角较缓，燕山早期花岗岩岩体风化裂隙较发育。

据《中国地震动参数区划图》（GB 18306—2001）界定，工程区地震动峰值加速度小于0.05g，区域稳定性较好。

4. 水文地质条件

（1）地表水。黎川县樟溪水四周山峦重叠、丘陵起伏，形成溪水密布，河流纵横。地势周高中低，南高北低，水系呈辐辏状向中心——宏村镇区汇集。由于山地面积水土流失，经常造成河床淤积，局部地段砂河床高于田。

河流受大气降水和上游支流河水补给，地表水储量丰富。排泄方式为河水常年补给两岸地下水，并向河流下游排泄。

（2）地下水。樟溪水工程区地下水类型主要为孔隙性潜水。第四系松散覆盖层上部以粉质黏土、壤土为主，透水性微弱，构成相对不透水层；下部分布砂类土及砾卵石等，含（透）水性好，为主要含（透）水层。地下水除接受大气降水补给外，与河水水力联系密切，丰水期接受河水的侧向补给，枯水期则排泄于河流中。水位位于相对不透水层之中，汛期时地下水位将抬高，致使整堤段地下水具承压性质。

（3）环境水化学特征与侵蚀性评价。黎川县樟溪水地表水及地下水均为无色、无味、无臭、透明。分别对黎川县樟溪水地表水及地下水取样进行水质简项分析，根据水质分析成果，对照环境水腐蚀性判别标准，环境水的腐蚀性评价如下：

1）环境水对混凝土的腐蚀性。根据环境水对混凝土的腐蚀性判别表的对照分析可知：黎川县樟溪水地表水具有一般酸性型弱腐蚀和重碳酸型中等腐蚀，地下水具有重碳酸型中等腐蚀，无其他腐蚀性。

2）环境水对钢筋混凝土结构中钢筋的腐蚀性。根据环境水对钢筋混凝土结构中钢筋的腐蚀性判别表的对照分析可知：黎川县樟溪水地表水对钢筋混凝土结构中钢筋为无腐蚀，地下水对钢筋混凝土结构中钢筋也为无腐蚀性。

3）环境水对钢结构的腐蚀性。黎川县樟溪水地表水及地下水对钢结构均具有弱腐蚀性。

7.4.2 河岸状况及质量评价

该段工程位于宏村镇附近，上游段大部分区域为自然下切形成的河岸，基本未设防，靠近圩镇段建有部分堤防，局部设有防洪墙。

土堤段一般与两岸农田及丘陵岗地齐平，局部高出0.5～1.0m，堤高一般1～3m，堤顶宽1～2m，堤身土主要为壤土及粉土层。堤内坡无任何衬护，堤外坡除部分地段老百姓自行砌筑了少量片石外基本未采取防护措施。堤身大部分位置发生过河水漫堤情况。

堤身按设计要求进行加高加宽，并结合堤身土的组成及出险堤段对堤身进行防渗加固处理，堤内、外坡采取护岸处理措施。

7.4.3 岸坡地基工程地质特征

根据防洪堤区勘探深度范围内岩石、黏性土、粗粒土和特殊土的分布及组合关系，岸坡地基地质结构类型可分为单一结构、双层结构和多层结构三类，根据堤区的实际地质条件，并结合当地实践经验可再划分多个亚类。岸坡地基地质结构具体分类标准见表7.3。

表7.3 岸坡地基地质结构分类标准表

类	地质结构特征	亚　类
单一结构（Ⅰ）	岸坡地基由一类土体或岩体组成	（$Ⅰ_1$）黏性土单一结构 （$Ⅰ_2$）粗粒土单一结构 （$Ⅰ_3$）特殊土单一
双层结构（Ⅱ）	岸坡地基由两类土（岩）组成	（$Ⅱ_1$）上黏性土下岩石结构 （$Ⅱ_2$）上厚黏性土下粗粒土 （$Ⅱ_3$）上薄黏性土下粗粒土 （$Ⅱ_4$）上粗粒土下黏性土 （$Ⅱ_5$）上黏性土下淤泥质土
多层结构（Ⅲ）	岸坡地基由两类或两类以上的土（岩）组成，呈互层或夹层、透镜状的复杂结构	（$Ⅲ_1$）岸坡地基土表层为粗粒土 （$Ⅲ_2$）岸坡地基表层为薄黏性土 （$Ⅲ_3$）岸坡地基表层为厚黏性土 （$Ⅲ_4$）岸坡地基表层为淤泥质土

7.4.4 主要工程地质问题

根据历史险情记录与地质勘察资料分析，黎川县樟溪水河堤岸存在的主要工程地质问题为岸坡地基渗透稳定、岸坡稳定、河流淤积等问题。

1. 岸坡稳定问题

按照地层岩性差异，该防洪沟治理项目岸坡岩土层主要为砾砂、卵石、重粉质壤土、含砾重粉质壤土及中等风化花岗岩地层，由第四系全新统冲积层组成的岸坡抗冲刷能力较差。堤岸处于迎流顶冲段，当下部砂性土顶面高程接近或高于该处河枯水位时，砂性土处于最大流速带附近，极易被冲刷，导致上部粉质壤土、粉土层坡脚临空失稳，因此枯水期下部砂性土被快速掏蚀是形成岸崩的主要因素。

黎川县樟溪水在该段防洪沟内河流较弯曲，且大部分河段丰水期主流逼近坡脚，枯水期局部岸边有沙滩出露，凹岸部位迎流顶冲，江水直接在坡脚通过，坡脚掏蚀速度相对较快，崩岸塌坡最易发育。洪水期易冲刷岸坡坡面及坡脚，对岸坡的稳定不利，易发生崩岸塌坡。

2. 河道淤积及泄洪问题

经调查，由于水土流失严重，河道多处积有淤泥，导致河道淤塞，泄洪能力减弱；上游劈山造地，弃土占用河滩以及居民生活、经营所形成的垃圾，亦临河堆放。在河道进行整治，可在松散堆积物处设挡土墙阻隔。

3. 岸坡地基沉降变形问题

该山洪沟防洪治理区段岸坡地基主要由卵石、重粉质壤土及含砾重粉质壤土层构成，这些土层均为中低压缩性土，故该堤段基本不存在沉降变形问题。

7.4.5　主要构筑物工程地质条件及评价

1. 工程地质条件

根据堤线总体布置，土堤段堤线主要位于黎川县樟溪水左岸及右岸的Ⅰ级阶地上，阶地整体较平坦，总体是上游低平下游略高。

根据钻孔揭露，沿堤岸线表面上部主要为：

①层壤土：灰褐色，湿至饱和，可塑，层薄，地基土承载力较小。

②层粉土：灰褐色，湿至饱和，可塑，标贯击数一般为7～9击，地基土承载力建议取140kPa。

$②_1$层淤泥质粉土：灰黑色，湿至饱和，软塑，地基土承载力建议取60kPa。

③层砾砂：黄色，饱和，中密状，成分主要为石英、长石等，地基土承载力建议取180kPa。

④层卵石：一般呈稍密状，重型（2）动力触探锤击数一般为8～13击，承载力建议取300kPa。

⑤层重粉质壤土（全风化花岗岩）：褐黄色，含少量砂质，很湿，坚硬，承载力建议取300kPa，工程性能较好。

⑥层含砾重粉质壤土（强风化花岗岩）：黄褐色，黄褐色，斑状结构，块状构造，节理裂隙发育，裂隙间有黏土充填，岩芯多呈碎块状，锤击易碎，承载力建议取500kPa。

⑦层中等风化花岗岩：该层在工程区仅局部见有揭露，黄褐色，斑状结构，块状构造，节理裂隙发育，裂隙间有黏土充填，岩芯多呈碎块状，锤击易碎，承载力建议取1500kPa。随深度增加，岩石完整性变好。

该段岸坡地基地质结构为Ⅰ、Ⅱ类型，岸坡地基工程地质条件为较好（B类）和较差（C类），堤岸为稳定性较差岸坡。

2. 工程地质条件评价

根据上述工程地质条件，上部地基土层壤土、粉土及下部粗粒土砾砂层，其承载力均较低，但对于兴建防洪土堤这些土层均具有足够的承载力。建议该防洪治理区段土堤对表层土体做适当的清理后即可作为土堤的岸坡地基，并对堤岸做护坡处理。部分地段岸坡地基为砾砂，应考虑岸坡地基的渗漏及渗透稳定问题，建议该堤段位置将砾砂层清除，选择卵石层或重粉质壤土做拟建堤防的岸坡地基持力层。

7.5 示范区结构设计

7.5.1 现状环境

目前河道大多为自然边坡护岸，边坡无衬护，经常年洪水冲蚀，存在崩塌现象；现状河道淤积的主要原因是区域内水土流失严重，上游洪水泥沙含量大，水流速度降低，造成泥沙大量沉积，河道淤塞严重，河床抬高，河道行洪不畅。另外，由于河道内采砂以及人为取土后，把废弃料乱堆乱放在河床，局部河床淤堵严重，直接影响河道的行洪安全。现状河岸工程区河道两岸主要以耕地、菜地、滩地和杂草地等组成，示范区河岸生态治理前实拍现状图如图 7.1 所示，图 7.2 为三维激光扫描仪实测地形图。

图 7.1 示范区河岸生态治理前实拍现状图（书后附彩图）

图 7.2 三维激光扫描仪实测现状图（书后附彩图）

7.5.2 设计定位

本次河道治理设计从现代生态治河理念出发，在满足防洪滞洪的要求下，保持自然的河流形态特征，选择生态的护岸结构和防护材料为手段，恢复自然河岸的“可渗透性”；同时兼顾农业用水、亲水和景观功能，通过生态、自然的设计手法营造整体的河道生态治理体系。

7.5.3 总平面布置设计

本次河道的现状边坡基本为草皮护岸或天然河岸，其坡度在1∶2～1∶2.5之间，存在冲刷严重和崩塌等现象，现状土质边坡则不满足河道堤岸安全稳定要求及防洪冲刷安全要求。按照生态治理的要求，原有的边坡不能满足要求。因此，本次设计的生态护岸材料选择按照生态和安全以及充分利用河道现有弃石、土方等方面去选择护岸的结构及防护材料。以上各种护岸的结构特征见表7.4。

表7.4 不同护岸材料适用特点分析表

特性	植物护岸	三维土工网护岸	石笼护岸	土工格室护岸	植生多孔混凝土预制块护岸	乱石护岸
护砌强度	低	较低	高	较低	高	较低
抗冲刷能力	一般	较好	好	较好	好	一般
抗淘洗能力	一般	较好	好	较好	较好	一般
植被覆盖率	>80%	>80%	>60%	>70%	>60%	—
景观效果	好	好	较好	较好	较好	好
生态效果	好	好	较好	好	较好	好
工程造价	低	较低	较好	较低	较高	较低
使用建议	推荐使用	上部边坡使用	推荐使用	上部边坡使用	局部使用	局部使用

本次护岸材料按照透水性、稳定安全性、施工简易性、利于植物生长等原则选择。经过对国内外生态治理河道的调查分析，结合本河道实际特点及景观需求，本次采用的护岸材料主要由透水石笼（原有拆除弃石可利用）、生态混凝土预制块、块石、三维土工网、土工格室和植被等。

7.5.4 防洪标准及岸线布置

1. 防洪标准

按照《防洪标准》(GB 50201—2014）和《城市防洪工程设计规范》(GB/T 50805—2012）的有关规定，樟溪水山洪沟防护区人口不足20万、耕地不足30万亩，防洪标准为10～20年一遇；结合宏村镇的实际情况和发展规划要求，确定樟溪水山洪沟防洪标准采用10年一遇洪水标准，内涝洪水治理标准为5年一遇洪水标准，按一天暴雨一天排至不淹重要建筑物。

2. 岸线布置

本工程岸线布置是根据治理河段的保护范围及主要保护对象，结合地形条件，按下列原则进行布置：

（1）严格按照不缩窄现有河道，不抬高河床的现状水位为原则。

（2）岸线的布置力求平顺，断面变化段平缓连接。

（3）无或少拆迁房屋，同时结合上下游、左右岸的情况尽量少占耕地。

3. 底宽选择

樟溪水山洪沟从樟溪加油站到红卫桥长 6.1km，原状无堤防，大部分（90%以上河段）河槽宽 10～22m，仅局部河湾段较宽。为选择经济合理的河道整治方案，底宽选择应进行技术比选。结合水面线推算可知，河道较宽时，土方开挖工程量增加较多，而土方回填和护岸工程量减小较少。受红卫桥的过流能力影响，在回水作用下，这种现象在中段河道反应更明显，再考虑到底宽增加直接导致占地增加，显然底宽选择过大是不经济的。而底宽选择若小于 20m，小于现状河道的平均底宽，则会压缩河道已形成的行洪断面，也不符合法规要求。

根据以上对比分析，结合的岸线布置原则以及河道横断面计算，确定樟溪水山洪沟河道底宽不小于 20m。

4. 设计水位

由于天然河道的横断面极不规则，底坡变化不均，河身具有收缩、扩散、蜿蜒曲折等特征，属非棱柱体河槽，对全河段而言是非恒定流，但对于较短河段则各水力要素变化不大，可近似视为恒定流。按上述原理，将天然河段划分成若干个小段进行河段水面线的推求。

根据实测断面图，除了起点樟溪加油站处滚水坝外，该段河道还有五里桥（桥下有滚水坝）以及治理末端红卫桥（桥上侧有陂坝）两座涉河建筑物。

（1）起算断面水位的确定。由于五里桥下滚水坝上下游跌差原因，樟溪水山洪沟纵段上整体分为两段。红卫桥位于本次治理段末端，桥前河道相对顺直，控制性良好，本次治理河段以红卫桥上游陂坝作为下游控制断面，确定起算断面水位，根据万分之一航测图推算。上游段则以五里桥下滚水坝作为河道的控制断面。

本次水位推算起始断面为治理末端红卫桥处，设计流量采用本次水文分析计算成果，10 年一遇洪峰流量 206.5m^3/s。相应的水位根据红卫桥上侧陂坝的过流能力确定，经计算水深为 3.26m。

（2）水面线推求的基本公式。水面线的推求采用能量守恒原理进行，其基本公式为

$$\left.\begin{aligned}
&Z_{上}+\frac{\alpha_{上}V_{上}^{2}}{2g}=Z_{下}+\frac{\alpha_{下}V_{下}^{2}}{2g}+h_{f}+h_{j}\\
&\overline{J}=(J_{上}+J_{下})/2\\
&J_{下}=\frac{n_{下}^{2}V_{下}^{2}}{R_{下}^{3/4}}Q=cm\varepsilon\sigma_{s}B\sqrt{2g}H_{0}^{\frac{3}{2}}\\
&h_{j}=0.05\left(\frac{V_{上}^{2}}{2g}+\frac{V_{下}^{2}}{2g}\right)
\end{aligned}\right\}\tag{7.2}$$

式中 $\frac{\alpha_{上}V_{上}^{2}}{2g}$、$\frac{\alpha_{下}V_{下}^{2}}{2g}$——上、下游断面流速水头，m；

$Z_{上}$、$Z_{下}$——上、下游断面水位，m；

h_f、h_j——上、下游断面间的沿程水头损失和局部水头损失，m。

沿程水头损失计算采用如下公式：

$$\left.\begin{aligned} h_f &= \overline{J}L \\ \overline{J} &= (J_{上}+J_{下})/2 \\ J_{上} &= \frac{n_{上}^2 V_{上}^2}{R_{上}^{3/4}} \\ J_{下} &= \frac{n_{下}^2 V_{下}^2}{R_{下}^{3/4}} \end{aligned}\right\} \tag{7.3}$$

式中　$\overline{J}$——河段的平均水力坡度；

L——上、下游断面间的间距，m；

$n_{上}$、$n_{下}$——上、下游断面的糙率；

$R_{上}$、$R_{下}$——上、下游断面的水力半径，m；

$V_{上}$、$V_{下}$——上、下游断面的平均流速，m/s。

另外对河槽局部地方有突出变化或障碍物均计算了局部水头损失。

（1）河道扩大或缩窄的局部水头损失：

$$h_j = \xi\left(\frac{V_{下}^2}{2g} - \frac{V_{上}^2}{2g}\right) \tag{7.4}$$

其中，河道扩大时 ξ 取 $-0.5\sim-1.0$；河道缩窄时 ξ 取 0.5。

（2）弯道的局部水头损失：

$$h_j = 0.05\left(\frac{V_{上}^2}{2g} + \frac{V_{下}^2}{2g}\right) \tag{7.5}$$

（3）滚水堰处水位控制。五里桥宽 50m，桥下有滚水坝，溢流净宽 30m，堰顶高程 144.50m。五里桥桥下滚水坝的过流能力按下式计算：

$$Q = cm\varepsilon\sigma_s B\sqrt{2g}H_0^{\frac{3}{2}} \tag{7.6}$$

式中　Q——流量，m/s；

B——溢流堰总净宽，$B=40$m；

H_0——计入行近流速水头的堰上水头，m；

g——重力加速度，m/s^2；

m——实用堰流量系数，由《溢洪道设计规范》（SL 253—2000）中附表 A.2.1-1 查算；

c——上游堰坡影响系数，当上游堰坡为铅直时 $c=1.0$；

ε——闸墩侧收缩系数；

σ_s——淹没系数，当为自由出流时 $\sigma_s=1.0$。

经计算，五里桥桥下滚水坝泄流能力见表 7.5。

表 7.5　　五里桥桥下滚水坝泄流能力成果表

堰前水位/m	144.5	145	146.5	146	146.5	147	147.5
泄量/(m^3/s)	0.00	22.09	62.48	114.78	176.71	246.96	324.64

(4) 桥梁的上、下游水位差采用流量系数法按下式计算：

$$\Delta Z=\frac{\left(\frac{Q}{\mu\omega}\right)^2}{2g} \tag{7.7}$$

式中 ΔZ——上游壅高水头；

Q——桥孔的过流流量；

ω——桥孔的过水总面积；

μ——桥孔的流量系数，根据桥梁的具体型式选用。

5. 水面线的计算方法

水面线的计算采用逐段试算法进行，从起算断面开始，逐段往上游推算，试算的步骤是假设一系列所求断面的水位值，求得能满足能量方程式的 Z 值，即为所求断面的水位。设计中现状河道采用的糙率系数是根据2010年调查洪水水面线反推的综合糙率，并经适当修正确定的，取值为0.025，计算断面为实测断面。设计后河道采用的糙率系数取值为0.025，计算断面为整治后的设计断面。

樟溪水山洪沟治理段水面线成果见表7.6。

表7.6　　樟溪水山洪沟治理段水面线成果表

桩号	间距/m	流域面积/km²	设计洪峰/(m³/s)	P=10%洪水位/m		10月—次年3月施工水位/m	枯水水位/m
				现状	设计		
0+000	0	61	189.1	150.98	150.53	148.85	147.96
0+200	200	61	189.1	150.63	150.19	148.50	147.62
0+400	200	61	189.1	150.28	149.86	148.15	147.29
0+600	200	61	189.1	149.93	149.53	147.80	146.96

6. 水面线成果的合理性分析

从水面线成果来看，樟溪水山洪沟河段2010年调查洪痕点高程在10年一遇现状水面线附近，故本次推求的现状水面线成果是基本合理的。

7.5.5 生态治理结构设计

7.5.5.1 平面布置设计方案

根据总体建设内容及布置情况如下。

1. 台阶式石笼网护岸+土工布

该护岸位于河的左右岸，呈台阶式布置，位于示范河段的上游。

2. 三维土工网垫护岸

三维土工网垫护岸示范位于右岸的凸岸处，河岸坡度均为1∶2的三维土工网垫护岸和一块无网垫护岸对照。三维土工网垫护岸包括双层三维土工网+死草皮护岸、双层三维土工网护岸、单层三维土工网+死草皮护岸、单层三维土工网护岸。种植草种依次是狗牙根、高羊毛、黑麦草。

3. 土工格室护岸

土工格室护岸位于右岸，坡度为1∶2，采用土工格室+单层三维土工网护岸，土工格室护岸两种型式。

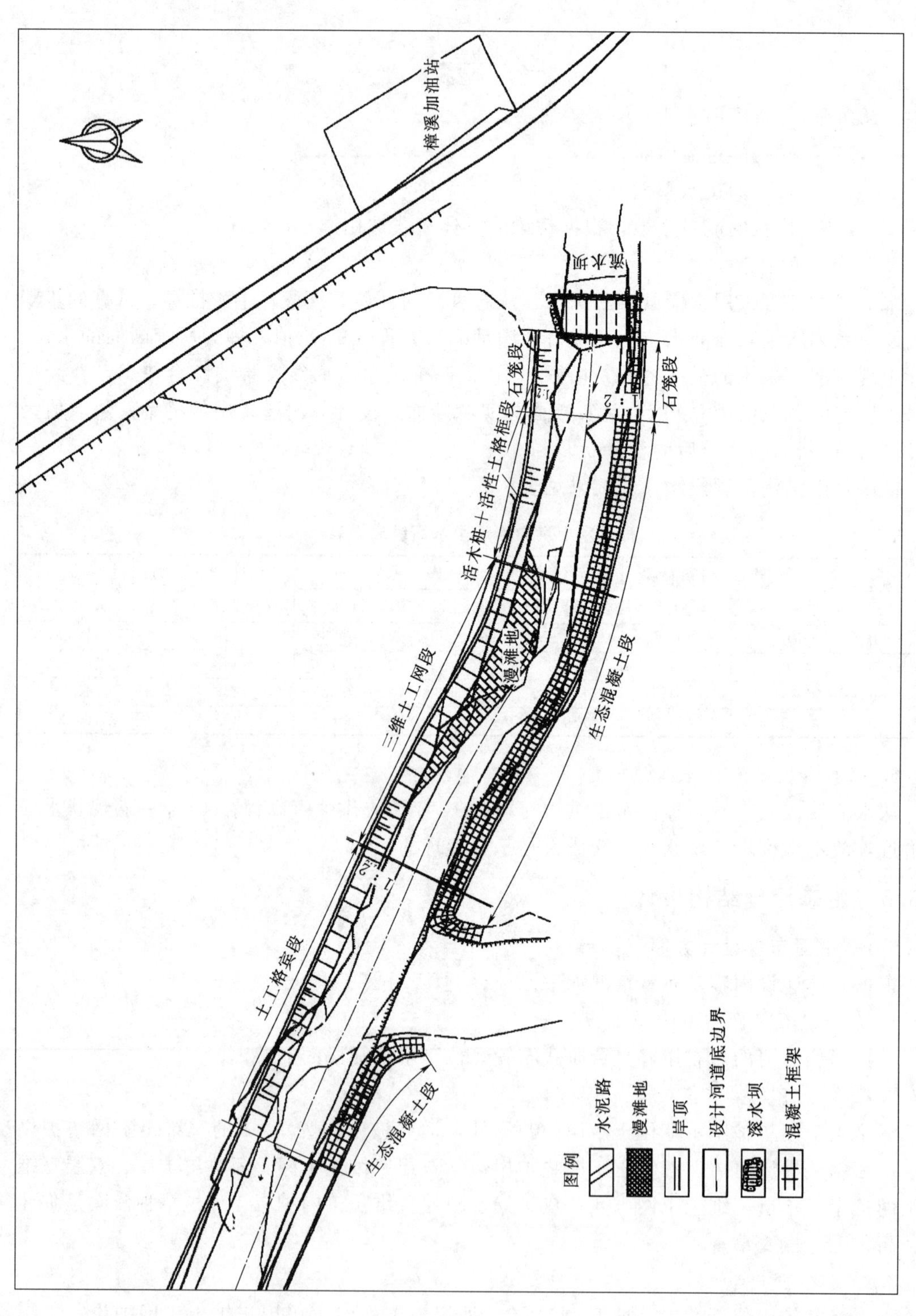

图 7.3　示范区平面布置图

4. 生态混凝土护岸

生态混凝土护岸在河流左岸的凹岸，处于河流冲刷段。每2m设置横向框架，C20混凝土框格梁尺寸：200mm×300mm（宽×高），每10m设一排水沟。

5. 活性木桩＋木格和竹栅栏护岸

活性木桩＋木格和竹栅栏护岸在河流右岸，坡面采用活性木桩护岸，活性木格框覆土压重护岸，木格框下采用土工布反滤固土，坡体上部采用木竹栅栏护岸，整体呈台阶式。

7.5.5.2 生态断面设计

在汛期降雨期间流量大，其径流、流量和洪峰均与降雨量、降雨强度密切相关，洪水暴涨暴落，水位高；枯水季节，河道流量小，水位低。设计洪水位至景观水位之间护岸部位，由于洪水冲刷的几率较低，但还存在冲刷、侵蚀作用等因素，采用生态混凝土或石笼等具有生态性能、抗冲刷能力较强材料进行护岸；设计洪水位以上部位则仅受表面径流等因素影响，采用三维土工网格草皮护岸和一般草皮护岸，滞留沿岸汇入雨水中的悬浮物、垃圾等，起到滞留、过滤作用。经边坡稳定、渗流稳定计算后，确定山洪沟采用标准断面如下：

治理段全段岸坡采用土质结构型式。迎水面坡比1：1.2～1：2.5，治理段首端500m，采用生态治理示范区设计方案，平面布置图如图7.3所示，标准断面如图7.4～图7.8所示。

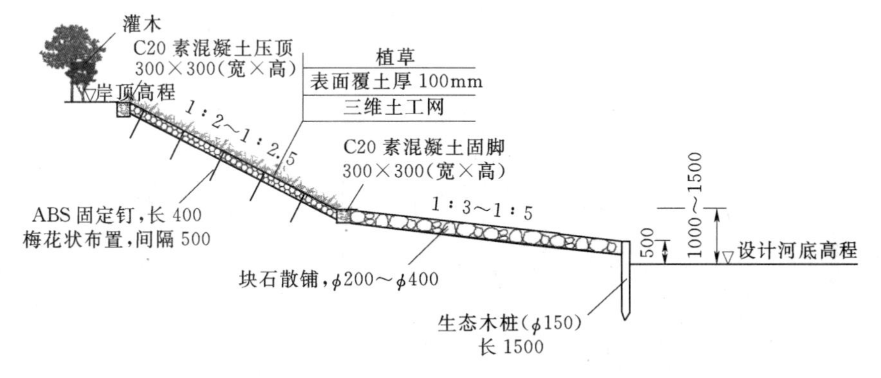

图7.4 生态示范段标准断面图（土工格宾标准断面）

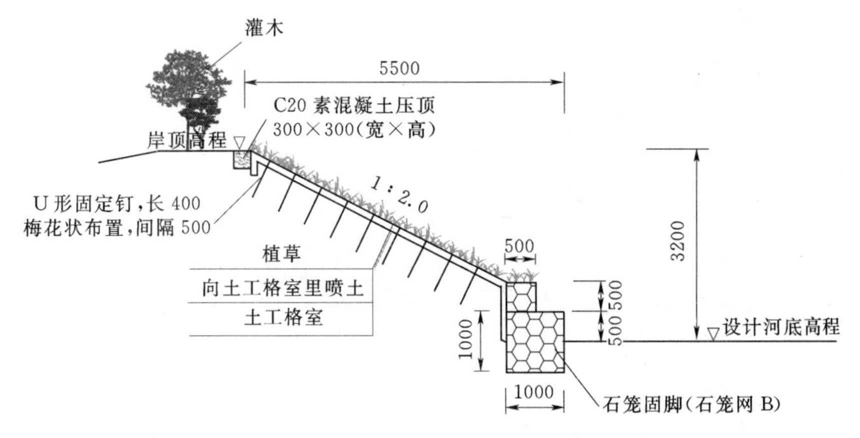

图7.5 生态示范段标准断面图（三维土工网标准断面）

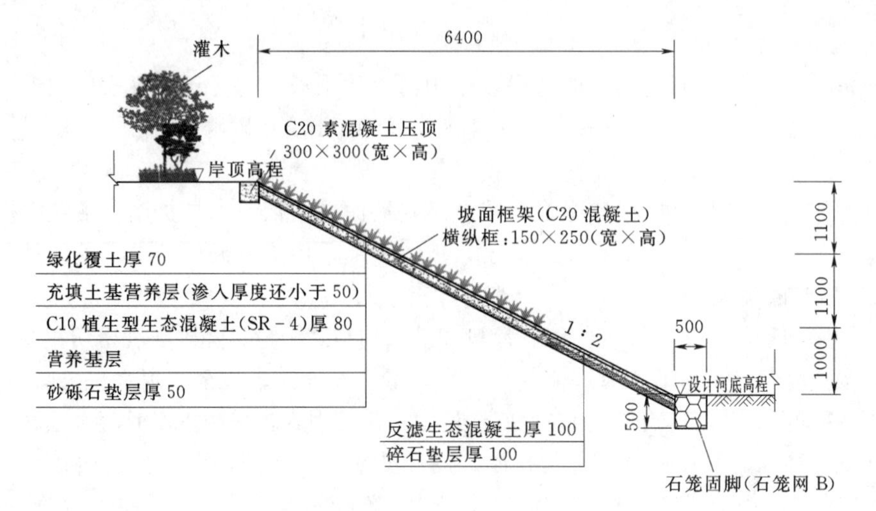

图7.6 生态示范段标准断面图(生态混凝土标准断面)

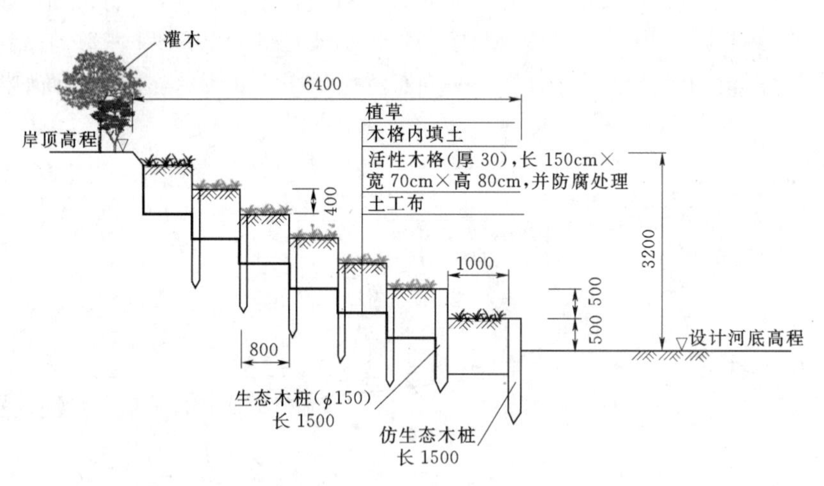

图7.7 生态示范段标准断面图(木桩栅栏+活性木格框标准断面)

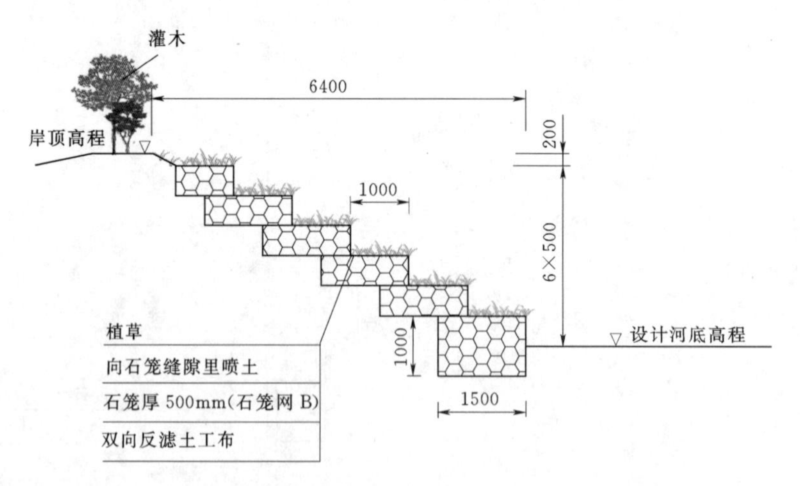

图7.8 生态示范段标准断面图(台阶式石笼+土工布标准断面)

7.6 效果与效益评价

7.6.1 生态混凝土护岸技术的效果与效益评价

示范区河流护岸生态治理前、后对照如图 7.9 所示。

图 7.9 示范区河流护岸生态治理前、后对照图

7.6.1.1 植草混凝土的效果与效益评价

1. 安全、经济效益分析

作为河道护岸，安全是最基本的前提。经检测，现场示范区生态混凝土植草试块 28d 抗压强度 8.45MPa，28d 抗折强度 2.35MPa，28d 抗冲刷强度 0.17，pH 值为 8.55，孔隙率可达 21%，可满足中小河流的护岸的防洪抗冲要求。孔隙率为 21%，护岸内部天然土壤水可以通过孔隙自由排出，有效减少了渗透压力。由于生态混凝土护岸表面凹凸不平的结构，增加了护岸的糙率，水流在流经护岸时，可以减少水流对护岸体的波浪淘刷和进一步消除水流能量，进而提高护岸的安全和稳定。在经济方面，虽然生态混凝土的造价比其他传统护岸要高，但是由于它结构的稳定性和绿化生态性，不但美化了周边环境，还对示范区的防洪效益和土地增值效益有很大的增加；久而久之，会对当地农民的生活、生产、沿河的区域环境产生积极的促进作用。

2. 生态效益分析

生态混凝土由于其特殊结构和表面特性，不但可以达到防洪抗冲的要求，而且能够减少环境负荷，与生态环境相协调，为环保做出贡献。其生态效益主要体现在绿化效益和净水效益，下面就其净水机理可归纳为三个方面：

（1）生物净水。植草混凝土护岸连通的孔隙结构，植物可以穿透一定厚度的植草混凝土并正常生长（图 7.10）。示范区种植的高羊茅、狗牙根为多年生草本植物，与其他动植物、微

图 7.10 示范区草种生长与根系穿透情况

生物共生性好。高羊茅、狗牙根的生长为附着于其上和孔隙中的动植物、微生物及藻类等提供了物质基础和栖息地，微生物的代谢活动又为动植物、藻类提供能量，从而形成一个循环的生态结构。可以有效地吸收河流中的污染物质。

（2）物理净水。植草混凝土连通孔隙率高达20%，其平均孔隙直径约为1～1.5mm，因此它可以作为很好的反滤材料。使用15～30mm的碎石为粗骨料制造的生态混凝土，当其达到一定厚度时，其内部的孔隙结构及净水模块使得其与水接触面积是普通混凝土的几十至上百倍，因此有很好的吸附能力。

（3）化学净水。植草混凝土组成材料中的水泥在水化过程中以及混凝土浸泡在水中会不断地释放$Ca(OH)_2$，溶出的$Ca(OH)_2$的量将达到生态混凝土总量的0.5%，$Ca(OH)_2$是一种絮凝胶体，可以起到净化作用。

7.6.1.2　反滤混凝土的效果与效益评价

从反滤混凝土护岸的安全效益、经济效益和生态效益等方面进行分析和探讨。

1. 安全效益分析

关于反滤混凝土护岸的安全效益，它是最基本的，一切护岸型式都必须以安全效益为前提。反滤混凝土制备过程中由于加入了专用改性材料（SR-3），提高了胶凝浆体的内聚力和胶凝浆体与骨料之间的黏聚力，使胶凝浆体不会因坍落度过大而堵塞混凝土结构内细密的孔隙，形成连通性的有效孔隙，并确保孔隙在护岸结构中稳固和分布均匀，使该护岸结构具有良好的滤水保土功能；另外，SR-3添加剂与水泥作用后会生成新的水化产物，从而可以一定程度上增加反滤混凝土的强度，有效地缓解了普通多孔隙混凝土中强度与孔隙率相矛盾的情况，从而使该护岸结构稳定性提高。从上面两点来说，由于反滤混凝土护岸本身结构的稳定性，使得其抗压性、耐久性和抗水流冲刷性能提高，基本上能满足河流堤防等级的强度要求，从而为正常水位以下河岸护岸的稳定性和安全性提供了保障。

另一方面，反滤混凝土护岸由于其护岸结构具有孔隙率大和透水性好等优点，这样护岸内外的水流就可以自由流动，这就好比连通器一样，使得护岸内外的水压力达到一种动态平衡的效果，从而消除了水位差及静水压力，确保了常水位以下岸坡的长期稳定，如图7.11所示。由图7.11可见，经过一段持续降雨之后，有雨水从反滤混凝土岸坡表面渗出。特别是山区小河流，河水的涨落周期非常的短，在水位快速下降时，坡体内的水可加速排出，这就增加了坡体及保护层的安全性。由于该护岸的结构特殊性，较密实性护岸而言，可以缓解水流对岸坡的直接冲刷作用，从而可以有效降低水流对护岸的冲刷能力。采用反滤混凝土护岸，由于护岸结构层整体的滤水保土性能，可以有效防止因波浪淘刷、常水位下降和地下水涌起所导致的土体颗粒流失现象，从而也为边坡的安全和稳定提供了依据。

图7.11　反滤混凝土护岸

2. 经济效益分析

从经济方面来说，其实就反滤混凝土护岸的造价而言，其本身是不占优势的，甚至还要比常规的护岸型式造价高。但是，从长远的角度出发来分析其带来的经济效益，就会发现它的存在确实是性价比超高。就示范区现场来说，根据调查得知，示范区所在的山区小河流之前的护岸型式采用的就是普通素混凝土护岸，但是没过多久，护岸就被洪水给冲毁了。河岸护岸在被冲毁的期间内，洪水对于农田的损毁和人民生命财产的威胁岂是我们所能估量的。采用反滤混凝土护岸，由于它本身结构的稳定性和有效性，给当地带来的防洪效益和土地增值效益将会远远超过其修筑成本。再加上反滤混凝土护岸的新颖性，如果其防护效果很好的话，对于周边小河流治理来说就是一个很好的典范，这样无形之中就会改善当地人民的生产、生活条件，改善区域环境面貌，对提高沿线居民生活质量和当地社会经济快速发展都有积极的促进作用。

3. 生态效益分析

反滤混凝土护岸所带来的生态效益。从反滤混凝土的净化水质功能来分析其生态效益。通过对示范区河流水体的观察（图 7.12），发现铺设有反滤混凝土护岸段的水体的清澈程度十分明显，示范区现场没有出现水土流失的现象。另外，从图 7.12 中可知，反滤混凝土护岸表面吸附着一些物质，这能为微生物的生长繁殖提供良好的场所，这就为生物净水提供了可能。此外，在水面线以上的反滤混凝土部分，由于长期的水流渗透，表面已经出现了部分绿苔，这从侧面也反映出了该混凝土透水性的良好，也证实了生物能附着于混凝土上面并生长的可能性。

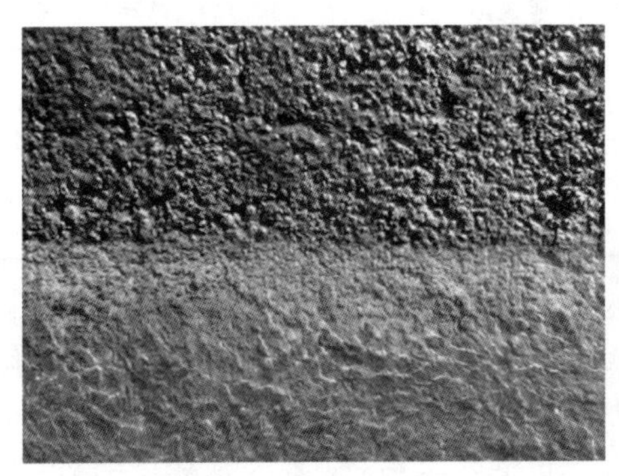

图 7.12　示范区反滤混凝土现场水体观察图

反滤混凝土材料运用于河岸护岸，与普通透水路面混凝土材料相比，施工的难度增加，强度的要求相对于透水路面混凝土材料而言允许适当降低，透水性和保土性要求更高。

综合所述，常水位上部的植草混凝土和常水位以下的反滤生态混凝土与底部固脚的石笼网，组成一个有生态效益的整体性生态护岸。不仅可以保证河岸护岸的稳定性，同时可以绿化河道护岸、滤水保土和净化水质等，为当前河流的生态治理和生态修复提供出一定的参考价值，是河流治理发展形势下新的篇章，能够兼具经济效益、生态效益和美观效果等多方面的优势，符合人们所提倡的人与自然和谐发展的理念。

7.6.2　三维土工网垫草皮护岸的效果与效益评价

7.6.2.1　护岸植草效果分析

在三维土工网垫草籽播种后 15d 坡面草籽陆续发芽，状况良好。可见三维土工网垫前期的保土抗冲特性成功的保护了草籽免遭雨水和洪水的冲刷为网垫的草籽成坪提供了有利的条件。如图7.13所示。

在草籽种植60d后三维土工网垫护岸草籽成坪，覆盖度良好，如图7.14所示。

图7.13 15d后坡面草籽发芽状况

图7.14 2个月后草皮成坪后的三维土工网垫护岸

通过对比不同网垫铺设型式下的草皮覆盖度来对比分析各种网垫铺设型式的优劣。通过对$1m^2$的坡面进行草皮茎叶的投影面积与总面积的比值得出$1m^2$的覆盖率进而推广至整块坡面。推算结果见表7.7。

表7.7 不同网垫的草皮覆盖率

不同类型	双层EM3型三维土工网垫与死草皮	双层EM3型三维土工网垫	单层EM3型三维土工网垫+死草皮	单层EM3型三维土工网垫	裸坡对照
草皮覆盖率/%	95	85	90	80	40

根据有关文献的研究，三维土工网垫边坡植被覆盖率达到80%以上能抵抗6m/s的径流冲刷，为天然草皮的2倍多。而有三维土工网垫护岸的坡面草皮覆盖率均达到80%以上，因此可以推断在6m/s的径流流速下可以表现出很好的保土抗冲效果。抗冲效果为双层网垫与死草皮>单层网垫与死草皮>双层网垫>单层网垫>裸土。植被根系与网垫交错缠绕形成复杂的加筋体系是三维土工网垫护岸抗冲效果较之天然草皮抗冲效果提升的主要原因（图7.15）

图7.15 植被根系与网垫缠绕

7.6.2.2 经济效益评价

参照《江西省水利水电工程定额（2006版）》对示范区三维土工网垫生态护岸工程，以及水利工程中常见的浆砌石工程和预制混凝土护岸工程的单价分析表及实际施工报价见表7.8，断面图如图7.16。

由表7.8可知，三维土工网垫护岸在各种护岸型式中是最经济的，约是浆砌石护岸价格的1/2、预制混凝土护岸工程价格的1/4。并且考虑到三维土工网垫施工工艺方便，施工程序无大型机械的污染，因此可知三维土工网垫生态护岸在经济实用性上独有的优越性。

表 7.8　河道护岸工程报价　单位：元/m^2

序　号	项　目　名　称	施　工　报　价
1	浆砌石护岸	130.14
2	预制混凝土护岸	219.25
3	三维网护岸（示范区）	56.82

通过图 7.16 对比其断面型式可知，三维土工网垫生态护岸型式相比传统的护岸型式无论从施工工艺，还有材料的使用上都发挥着其特有的生态环保功能，首先三维土工网垫护岸不需要设置砂砾石垫层，省去很多材料及人工；其次三维土工网垫护岸操作简单施工方便基本无须机械，人工就可以实现快速施工，而预制块护岸与浆砌石护岸都需要将材料平整的铺在坡面其后做封浆处理施工进度缓慢。

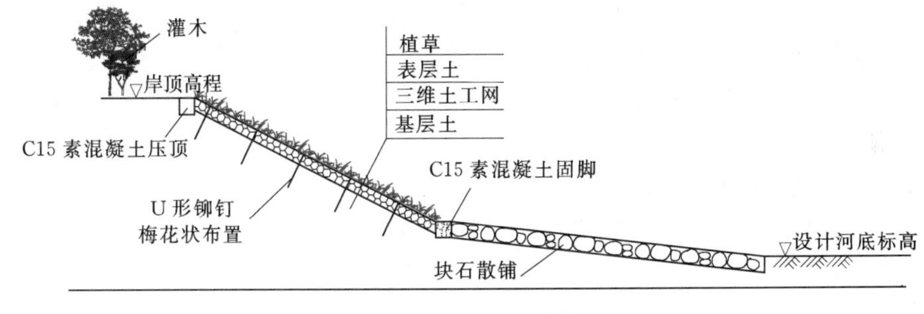

(a) 三维土工网垫护岸

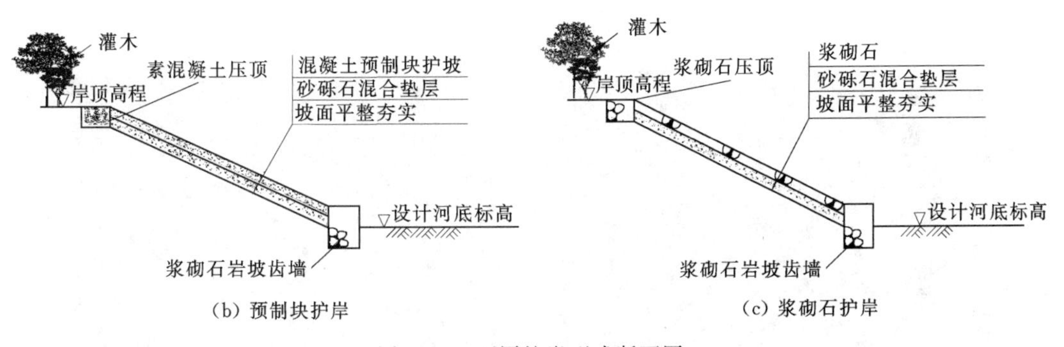

(b) 预制块护岸　　(c) 浆砌石护岸

图 7.16　不同护岸型式断面图

7.6.3　土工格室护岸的效果与效益评价

7.6.3.1　土工格室抗冲效果分析

土工格室护岸工程完成后，为了了解其植被未形成前的抗冲效果，通过观察对比土工格室护岸完成后植被未形成前三天内经历了两次暴雨的坡体现状来分析土工格室护岸的抗冲刷效果。由于连续的降雨致使河流水位上升比原正常水位高出 1.2m。河岸护岸经受降雨的冲刷侵蚀后，岸坡的下部及坡脚还要经受河流的横向冲刷。

经过两次暴雨的冲刷后，土工格室护岸以及无铺设格室坡的坡面情况如图 7.17、图 7.18 所示。

图 7.17　植被未形成时的裸坡

图 7.18　植被未形成时的土工格室护岸

土工格室护岸在两次暴雨后受到冲刷侵蚀的情况，无铺设格室坡在经受连续的暴雨冲刷后，在坡面上形成了数十条明显的冲刷沟，许多冲刷沟都长达 2m，最深可达 10cm，裸坡坡体冲刷侵蚀严重。土工格室护岸坡面冲刷情况，铺设有土工格室的坡体明显比裸坡的情况要好，铺设有土工格室的坡体基本没有较明显的冲刷沟出现，坡面保持的相对完整。土工格室护岸在暴雨情况下避免了众多冲刷沟的出现，使得坡面不易被破坏，从而取得较好的保土抗冲刷成效。

图 7.19、图 7.20 分别为裸坡和土工格室护岸坡脚的冲刷情况。裸坡坡脚处有好几处凹坑出现；而土工格室护岸的坡脚并无此类现象出现。无铺设格室坡因没有任何防护措施，使得在降雨的侵蚀下产生了许多的侵蚀沟，一般是从坡体中部延伸到坡脚处，当水位上升后，坡脚受水浸泡以及流水的冲刷，使得容易产生凹坑。土工格室护岸在土工格室的保护下，沟蚀很难产生，且格室的存在会降低坡面流水的能量，从而降低流水对坡面的破坏。

图 7.19　植被未形成时的裸坡坡脚（书后附彩图）

图 7.20　植被未形成时的土工格室护岸坡脚（书后附彩图）

通过现场实际工程的观察，植被未形成前，土工格室的在降雨条件下的护岸效果与人工降雨试验结果相吻合。所以研究认为土工格室在植被未形成前遭遇强降雨时具有较好的保土效果，具有明显的抗冲刷性。这将为土工格室护岸在小河流中的示范提供必要的条件。

7.6.3.2　土工格室护岸植草效果分析

在播撒草种两周后，坡面上草种陆续发芽，生长状况良好。两个月后，植被已经成型，如图 7.21、图 7.22 所示。

图 7.21　植被形成后的裸坡（书后附彩图）

图 7.22　植被形成后的土工格室岸坡（书后附彩图）

由图 7.22 可知，土工格室护岸的植被生长良好，植被茂密；而无铺设格室的植被生长相对差些，植被生长较为稀松。这是因为有土工格室的坡面保护了坡面草种不被雨水冲走为草种生长提供有利条件；而裸坡在降雨与坡面流的冲刷侵蚀下，坡面遭受破坏，且草种易被冲走使得坡面不能形成茂密的植被。由此可见，土工格室其固土抗冲刷的特性，有助于植被的生长，可以为植物提供一个较为有利的生长环境。

在工程完工 1 年后，土工格室护岸的情况如图 7.23 所示。护岸上的植被覆盖较好，能够有效地保护岸面免受降雨以及河流流水的强烈冲刷，防止水土流失。

图 7.23　1 年后的土工格室护岸效果图（书后附彩图）

7.6.3.3　土工格室护岸技术的效益评价

1. 生态效益评价

通过示范区现场情况可知土工格室护岸具有良好的生态效益。土工格室护岸对岸坡的自然状态破坏很小，并未隔绝土壤与外界的接触，且在土工格室的框格内可以种植植物，从而形成植被，微生物群落以及一些昆虫可以在土工格室护岸上生存。土工格室护岸植物根茎与土工格室交互作用具有较好的抗冲刷性能，可以防止水土流失。土工格室护岸上生长的植被能够绿化、美化河岸环境，并且拥有可以净化空气以及水质的作用。在土工格室护岸上可以形成一个小型独立的生态系统，自给自足，达到生态平衡和生态系统的良性、高效循环。在生态效益方面，土工格室护岸的效果颇为显著。

2. 经济效益评价

本工程所在地治理前河道河岸杂乱、低矮、抗冲能力低，发生较大洪水时会影响到当地居民的生产生活安全，很难适应当地的经济和社会的发展需求。传统护岸型式，不仅施工时间较长、造价较大且易破坏河岸周边环境，所需施工材料大多需从其他地方获得，无法就地取材。这显然不利于节约工程成本，且从长远来看，不利于该工程周边的生态经济的发展。

依据《江西省水利水电工程定额（2006版）》对黎川示范区土工格室生态护岸工程、水利工程中常见的预制混凝土护岸工程以及浆砌石工程的单价分析表得到实际工程主要材料施工报价见表7.9。

表7.9 黎川示范区工程施工报价

序号	项目名称	施工报价/(元/m^2)
1	预制混凝土护岸工程	219.25
2	浆砌石护岸工程	130.14
3	土工格室护岸工程	77.08

由表7.9可知，土工格室护岸的造价相对较低，相比而言约是预制混凝土护岸工程价格的1/3，约为浆砌石护岸工程价格的1/2。将预制块护岸、浆砌石护岸与土工格室的护岸型式作比较，土工格室护岸以石笼、土工格室、块石和草皮为主要材料，格室内所填土体可以就地取材采用当地常见的适合植物生长的土壤，做到因地制宜，从而节约工程成本；而其他两种传统护岸型式需要设置砂砾石垫层，这无疑要许多施工材料以及施工时间，会大大的增加工程成本。

土工格室护岸建成之后，不仅绿化周边环境，在洪水到来后，可以抵抗洪水，保护当地居民的生产生活安全。另外，土工格室护岸在改善周边区域环境的同时，还对该地区的居民生产生活质量和当地经济发展都起着保护甚至是促进的作用。土工格室生态护岸能够达到很好的经济效益，具有较好的经济实用性。

7.6.4 生物工程护岸技术的效果与效益评价

1. 台阶式石笼网护岸

台阶式石笼网护岸通过用石笼单体将生态护岸结构设置成阶梯形。各石笼单体之间用钢丝进行绞和固定，堤岸和石笼单体间用锚钉固定，具有较好的稳定性；石笼单体的内部由不同粒径的石块和土壤填充，在凹槽内的土壤和最外侧土壤上种植相应的植物。土壤的填充使得植物及微生物生长成型，可有效截留农业非点源污染物，具有较好的生态性；石笼网护岸缝隙具有很好的透水性、较强的抗冲性和防浪性。该种型式方法简单，所需材料环保易得，实施方便，同时错落有致的植物带也可增加河岸绿化率和美观性，示范区完成一年后的台阶式石笼网护岸实施效果如图7.24所示。

图7.24 台阶式石笼网护岸实施效果图
（书后附彩图）

2. 活木桩+木格和竹栅栏护岸

对于示范区的土质边坡，活木桩的使用不仅治理费用减低，而且取材方便避免了山区防护材料运输难的问题，更加接近自然保护了生态环境。由于在铺设活木桩的同时应进行植草，草的迅速生长能起到先期防护作用，能弥补活木桩的先期不足。该方法技术简单、施工速度快、造价低，并且对边坡的加固作用随着树根的生长而逐渐加强。

采用松木桩结合抛石加固河流岸坡坡脚方案不仅提高了河流的防洪能力，兼顾了刚性和生态型，而且木桩与抛石构成的空隙能够为水生物提供生存环境和栖息的临时场所。同时在木桩周围植草一段时间后，木桩就会长出根和枝叶，从而起到对河岸的加固防护和保护生态的效应，具有良好的经济效益和社会效益。示范区完成一年后的活木桩+木格和竹栅栏护岸实施效果如图 7.25 所示。

图 7.25　活木桩+木格和竹栅栏护岸实施效果图（书后附彩图）

参 考 文 献

曹学卫，2005. 三维网植草防护在公路工程中的应用 [J]. 山西交通科技 (A01)：88-89.
陈海波，2001. 网格反滤生物组合护坡技术在引滦入唐工程中的应用 [J]. 中国农村水利水电 (8)：47-48.
陈晋栋，王武祥，张磊蕾，等，2019. 透水混凝土透水系数与孔隙结构的相关性研究 [J]. 硅酸盐通报，38 (01)：47-51，59.
陈梅，邱郁敏，2005. 河流护坡工程生态材料的应用 [J]. 广东水利水电 (2)：18-19.
陈明曦，陈芳清，刘德富，2007. 应用景观生态学原理构建城市河道生态护岸 [J]. 长江流域资源与环境，16 (1)：97-101.
陈守开，陈家林，汪伦焰，等，2019. 再生骨料透水混凝土关键性能统计及预测分析 [J]. 建筑材料学报，22 (02)：214-221.
陈永锋，袁松年，任隽丰，等，2019. 一种高强度透水混凝土配合比设计 [J]. 中国市政工程 (01)：21-23，103.
陈志山，2001. 生态混凝土的净水机理和存在问题 [J]. 给水排水，27 (3)：40-41.
程洪，颜传盛，李建庆，等，2006. 草本植物根系网的固土机制模式与力学试验研究 [J]. 水土保持研究，13 (1)：62-65.
程洪，张新全，2002. 草本植物根系网固土原理的力学试验探究 [J]. 水土保持通报，22 (5) ：20-23.
成子满，潘凤文，2002. 三维固土网垫结合植被护坡的施工 [J]. 公路 (9)：147-149.
崔守臣，2017. 城市河流中水利工程规划研究——以浙江金华浦阳江流域为例 [J]. 水利规划与设计 (7)：1-2.
丁克强，骆永明，刘世亮，等，2002. 黑麦草对菲污染土壤修复的初步研究 [J]. 土壤，34 (4)：233-236.
董哲仁，等，2013. 河流生态修复 [M]. 北京：中国水利水电出版社.
董哲仁，2003. 河流形态多样性与生物群落多样性 [J]. 水利学报，34 (11)：1-6.
高辉，温延龙，2017. 图像分析方法在混凝土孔结构测试中的应用 [J]. 粉煤灰综合利用 (3)：54-57.
高佳欣，2019. 基于水生态文明建设的城市河流生态治理方案 [J]. 吉林农业 (02)：71.
高建明，吉伯海，吴春笃，等，2005. 植生型多孔混凝土性能的试验 [J]. 江苏大学学报 (自然科学版)，26 (4)：345-349.
高彦征，凌婉婷，朱利中，等，2005. 黑麦草对多环芳烃污染土壤的修复作用及机制 [J]. 农业环境科学学报 (3)：498-502.
耿玥，陈慧，徐得潜，2013. 生态护坡植物对水质的影响研究 [J]. 工程与建设 (3)：297-299.
郭强，2018. 植生混凝土在水利工程中的应用 [J]. 南方农机 (16)：204.
郭香莲，2016. 植被在道路护坡工程中的作用 [J]. 农业科技与信息 (31)：114-116.
韩燕，2012. 土工格室防护边坡的稳定性研究 [D]. 济南：山东大学.
何光明，2018. 植生型混凝土孔结构改造与内部碱环境调节 [J]. 混凝土与水泥制品 (7)：28-30 .
胡昌兰，2017. 寒区粉砂质堤防生态岸坡试验与分析 [D]. 哈尔滨：黑龙江大学.
胡海泓，1999. 生态型护岸及其应用前景 [J]. 广西水利水电 (4)：57-59.
胡玉植，潘毅，陈永平，2016. 海堤背水坡加筋草皮抗冲蚀能力试验研究 [J]. 水利水运工程学报 (01)：51-57.
嵇晓雷，2013. 基于植被根系分布形态的生态边坡稳定性研究 [D]. 南京：南京林业大学.

江辉，刘青，黄宝强，等，2014. 农村小河流生态固岸新模式探讨 [J]. 中国农村水利水电（12）：56-59.
蒋瑞斌，2019. 路面面层透水混凝土性能试验及应用 [J]. 商品混凝土（Z1）：70-72.
金锋淑，朱京海，李岩，2017. 绿色发展理念下的城市与河流共生研究——以辽宁“大浑太”生态流域城市连绵区建设实践为例 [C] //中国城市科学研究会. 2017 城市发展与规划论文集. 北京：中国城市出版社：199-204.
靳凤玉，2013，土工格室柔性护坡的稳定性研究 [D]. 济南：山东大学.
李春雁，潘绍财，刘铭飞，等，2007. 三维土工网垫在辽宁省砂堤生态护坡中的应用 [J]. 西部探矿工程（12）：189-190.
李慧伶，黄斌，薛鹏，2010. 河道整治中生态型护坡的环境效果分析 [J]. 水利水电快报（11）：19-21.
李晋，唐勇，朱霞，等，2008. 土工格室植被护坡应用研究 [J]. 山东交通学院学报，16（1）：60-64.
李连胜，黄玉忠，2004. 三维土工网垫喷播植草护坡技术应用分析 [J]. 中国水土保持（8）：39-40.
李湘洲，2003. 走向可持续发展的生态混凝土技术 [J]. 中国建材（1）：34-35.
梁止水，吴智仁，杨才千，等，2016. 基于正交试验的高反滤生态混凝土配合比设计 [J]. 混凝土（01）：137-140，144.
刘晓路，肖衡林，2006. 浅谈三维土工网垫边坡防护体系的建立 [J]. 路基工程（6）：117-120.
鲁志方，杨晓华，晏长根，2016. 土工格室植被护坡防膨胀土边坡开裂机理研究 [J]. 公路，61（4）：28-33.
栾建国，陈文祥，2004. 河流生态系统的典型特征和服务功能 [J]. 人民长江，35（9）：41-43.
罗利民，田伟君，翟金波，2004. 生态交错带理论在生态护岸构建中的应用 [J]. 环境保护（11）：26-30.
罗湘务，2016. 土工格室柔性挡土墙在路堑式边坡中的设计及应用 [J]. 科技创新与应用（16）：232-233.
麦卡内，李伟民，2002. 减轻水坝环境影响的泄洪调度方法 [J]. 水利水电快报，23（2）：1-4.
毛萍，杨宏，马欣荣，2011. 香根草的研究及利用进展 [J]. 中国农业科技导报，13（01）：88-93.
邱宙廷，丰田，李光范，2018. 再生粗骨料透水混凝土性能的实验研究 [J]. 山西建筑，44（07）：101-103.
任敏松，2015. 基于 ABAQUS 的土工格室生态边坡稳定性数值模拟研究 [D]. 济南：山东大学.
单心雷，2017. 降雨条件下三维土工网防护边坡整体稳定性研究 [D]. 济南：山东大学.
史银志，雷晓云，2008. 基于人工模拟降雨的土壤侵蚀特性试验研究 [J]. 石河子大学学报（自然科学版），26（4）：487-490.
宋睿，高礼洪，邱辉，等，2015. 多种生态护坡技术在丽水市瓯江堤防工程中的应用研究 [J]. 浙江水利科技，43（1）：67-71.
宋绪伟，毛培才，2007. 土工格室及其应用 [J]. 山西建筑，33（4）：201，254.
孙彦芳，2018. 北方地区中小河流河道治理及生态修复浅议 [C] //河海大学. 2018（第六届）中国水生态大会论文集：13-16.
田砾，逄增铭，全洪珠，等，2016. 植生型多孔混凝土物理性能及植生适应性研究 [J]. 硅酸盐通报，35（10）：3381-3386.
涂传文，2016. 降雨条件下三维土工网垫植草护坡水力侵蚀特性试验研究 [D]. 济南：山东大学.
万卫平，2006. 三维土工网植草护坡在宜昌城区长江护岸中的应用 [C] //董晓伟. 长江堤防建设管理及护岸工程论文集. 武汉：长江出版社：168-172.
王广月，王云，2016. 土工格室生态边坡稳定性数值模拟分析 [J]. 应用基础与工程科学学报，24（05）：924-933.
王广月，韩燕，王杏花，2012. 降雨条件下土工格室柔性护坡的稳定性分析 [J]. 岩土力学，33（10）：3020-3024.
王广月，李炯，2016. 基于云模型的三维土工网防护边坡侵蚀稳定性综合评价 [J]. 数学的实践与认识，46（12）：88-94.
王海峰，郭钟瀚，2019. 复合结构生态透水砖设计及性能分析 [J]. 华侨大学学报（自然科学版），

40 (02): 164 - 171.

王华, 2010. 植被护坡根系固土及坡面侵蚀机理研究 [D]. 成都: 西南交通大学.

王蔚, 刘海峰, 2005. 植生型多孔混凝土配合比设计方法初探 [J]. 江苏建筑 (1): 46 - 48.

王杏花, 2012. 土工格室边坡防护水力侵蚀特性试验研究 [D]. 济南: 山东大学.

王又华, 2002. 北环水系综合治理工程转河段治理概述 [J]. 北京水务 (6): 34 - 35.

王玉洁, 2012. 边坡防护的形式及其优缺点 [J]. 交通世界 (2): 176 - 177.

王玉军, 2016. 植生型再生砖骨料混凝土基本性能及微观结构研究 [D]. 济南: 山东农业大学.

王志强, 2008. 三维土工网垫结合植被防护在边坡中的应用 [J]. 山西建筑 (8): 284 - 285.

王治山, 张志鹏, 2018. 透水混凝土力学与透水性能研究 [J]. 建材世界, 39 (03): 19 - 22.

巫广义, 徐锋, 王曙光, 等, 2018. 基于正交试验法的透水混凝土性能影响研究 [J]. 新型建筑材料 (9): 38 - 41.

奚新国, 许仲梓, 陈建华, 2002. 生态环境友好型混凝土的研究现状与展望 [J]. 混凝土 (8): 6 - 8.

夏汉平, 2002. 美国草坪业的发展历史、现状及思考 [J]. 草业科学, 019 (002): 60 - 64.

肖成志, 孙建诚, 李雨润, 等, 2011. 三维土工网垫植草护坡防坡面径流冲刷的机制分析 [J]. 岩土力学, 32 (2): 453 - 458.

肖成志, 孙建诚, 刘熙媛, 等, 2010. 三维土工网垫植草护坡性能试验 [J]. 重庆大学学报, 33 (8): 96 - 102.

谢应兵, 江辉, 2017. 适于小河流的反滤混凝土配合比优化设计 [J]. 硅酸盐通报 (04): 1120 - 1124.

徐菲菲, 祝建中, 胡洁, 等, 2018. 仿植生混凝土孔隙碱度调控与优化实验研究 [J]. 应用化工, 47 (2): 215 - 218.

徐中华, 钭逢光, 陈锦剑, 等, 2004. 活树桩固坡对边坡稳定性影响的数值分析 [J]. 岩土力学, 25 (S2): 275 - 279.

晏长根, 杨晓华, 谢永利, 等, 2005. 土工格室对黄土路堤边坡抗冲刷的试验研究 [J]. 岩土力学, 26 (8): 169 - 171, 175.

杨静, 冯乃谦, 1999. 21世纪的混凝土材料——环保型混凝土 [J]. 混凝土与水泥制品 (2): 3 - 5.

杨晓华, 王文生, 2004. 土工格室生态护坡在黄土地区公路边坡防护中的应用 [J]. 公路, 21 (9): 21 - 24.

姚环, 沈骅, 李颢, 等, 2007. 香根草固土护坡工程特性初步研究 [J]. 中国地质灾害与防治学报 (02): 63 - 68.

玉井元治, 贺约卫, 1996. 绿化用多孔质砼材料的性能 [J]. 水利水电施工 (1): 53 - 55.

袁安丽, 韩雷, 2007. 寒冷地区江河堤防的生态护坡技术研究 [J]. 岩土工程技术 (06): 44 - 46.

岳军声, 李辉, 陈克群, 等, 2009. 活木桩固土植草技术在公路土质边坡防护中的应用 [J]. 公路交通科技 (应用技术版), 5 (10): 174 - 176.

张垂虎, 2006. 三维土工网植草加固航道边坡技术在北江下游航道整治工程中的应用 [J]. 水运工程 (1): 80 - 82.

张宏波, 姚环, 林燕滨, 2008. 香根草护坡稳定性效果浅析 [J]. 土工基础, 22 (1): 52 - 55.

张欣, 2006. 土工格室在北方寒区渠道工程中的推广与应用 [C] //辽宁省水利学会. 水与水技术: 第6辑: 41 - 43.

张永超, 田彬彬, 桑瑜, 等, 2017. 生态混凝土在海绵城市建设中的应用研究 [J]. 混凝土与水泥制品 (6): 20 - 23.

张朝辉, 2006. 多孔植被混凝土研究 [D]. 重庆: 重庆大学.

曾龙辉, 江辉, 黄海清, 等, 2017. 人工降雨条件下土工格室抗侵蚀性能试验研究 [J]. 人民长江, 48 (10): 9 - 12.

曾锡庭, 于志强, 2001. 土工格室及其应用 [J]. 中国港湾建设 (2): 35 - 39.

赵佳, 翟爱良, 王玉军, 等, 2016. 掺合料及外加剂对植生型再生砖骨料混凝土性能的影响 [J]. 混凝土（12）：134-137.
赵志东，2007. 土工格室在生态防洪工程中的应用［J］. 中国水利（22）：39-40.
郑木莲，陈拴发，王秉纲，2006. 基于正交试验的多孔混凝土配合比设计方法［J］. 同济大学学报（自然科学版），34（10）：1319-1323，1339.
郑庆国，2017. 乡村河流生态保护与修复规划——以麻沙镇麻阳溪安全生态水系建设为例［J］. 建筑知识（09）：45-46.
郑素苹，陈济锋，2007. 三维网垫植草护坡在工程护坡中的应用［J］. 岩土工程界（1）：60-61.
中华人民共和国水利部，中华人民共和国国家统计局．第一次全国水利普查公报［M］. 北京：中国水利水电出版社，2013.
周德培，张俊云，2003. 植被护坡工程技术［M］. 北京：人民交通出版社.
周跃，1999. 土壤植被系统及其坡面生态工程意义［J］. 山地学报，17（3）：224-229.
吉川勝秀，2010. 河川の管理と空間利用［M］. 鹿島：鹿島出版会.
吉森和人，岡本享久，1996. Environmentally Friendly Concrete-Porous Concrete［J］. Ceramics Japan，31（1）：43-45.
伊藤学，白井勝二，福成孝三，等，2009. 連続した堤防システムの安全の実管理に関する基礎的研究，水文・水資源学会 2009 年度総会・研究発表会要旨集：10-11.
Audisio C，Nigrelli G，Lollino G，et al.，2009. A GIS tool for historical instability processes data entry: An approach to hazard management in two Italian Alpine river basins［J］. Computers & Geosciences，35（8）：1735-1747.
Chen R，Chiu Y M，2008. Model tests of gecocell retaining structures［J］. Geotextiles and Geomembranes，26（1）：56-70.
Fisher，Stuart G，2015. Organic matter processing by a stream - segment ecosystem: Fort River，Massachusetts，U. S. A.［J］. international review of hydrobiology，62（6）：701-727.
Forman T T，1997. Land mosaics: the ecology of landscapes and regions［M］. Cambridge: Cambridge University Press：213-246.
Foster A D，Claeson S M，Bisson P A，et al.，2020. Aquatic and riparian ecosystem recovery from debris flows in two western Washington streams，USA［J］. Ecology and Evolution，10（6）：2749-2777.
Gray D H，Sotir R B，1996.. Biotechnical and soil bioengineering，Slope stabilization: A Practice Guide for Erosion Control［M］. New Jersey: John Wiley & Sons Ltd：276.
Joshaghani A，Ramezanianpour A A，Ataei O，et al.，2015. Optimizing pervious concrete pavement mixture design by using the Taguchi method［J］. Construction & Building Materials，101：317-325.
Kallis G，Butler D，2001. The EU water framework directive: measures and implications［J］. Water Policy，3（2）：125-142.
Kim H H，Kim C S，Jeon J H，et al.，2016. Effects on the Physical and Mechanical Properties of Porous Concrete for Plant Growth of Blast Furnace Slag，Natural Jute Fiber，and Styrene Butadiene Latex Using a Dry Mixing Manufacturing Process［J］. Materials，9（2）：84.
Martin W D，Kaye N B，Putman B J，2014. Impact of vertical porosity distribution on the permeability of pervious concrete［J］. Construction and Building Materials，59：78-84.
Palmer M A，Bernhardt E S，Allan J D，et al.，2005. Standards for ecologically successful river restoration［J］. Journal of Applied Ecology，42：208-217.
Poudevigne I D，Alard R S，Leuven E W，et al.，2002. A system approach to river restoration: a case study in the lower Seine valley，France［J］. River Research and Applications，18：239-247.
Scheurer K，Alewell C，Banninger D，et al.，2009. Climate and land - use changes affecting river sediment and brown trout in alpine countries—a review［J］. Environmental Science and Pollution Re-

search, 16 (2): 232 - 242.

Takahashi G, Gomi T, Sasa K, 2007. Hyporheic flow as a potential geomorphic agent in the evolution of channel morphology in a gravel - bed river [J]. Catena, 73 (3): 239 - 248.

Vlachopoulou M, Coughlin D, Forrow D, et al., 2014. The potential of using the Ecosystem Approach in the implementation of the EU Water Framework Directive [J]. Science of The Total Environment: 684 - 694.

Wesseloo J, Visser A T, Rust E, 2009. The stress - strain behavior of multiple cell geocell packs [J]. Geotextiles and Geomembranes, 27 (1): 31 - 38.

Yamamoto T, Yoshida Y, 2005. Ecological Revetment Design of Main Drain Canal: From the viewpoint of environmental consideration and control of maintenance [J]. journal of the japanese society of irrigation drainage & rural engineering, 73: 737 - 738.

(a) 石笼网固脚铺设

(b) 边坡立模

(c) 15～30mm 单一粒径粗骨料

(d) 植草混凝土拌和料

(e) 摊铺平整

(f) 适生材料填充

(g) 覆盖天然种植土

(h) 浇水养护

图 3.11　植草混凝土护岸现场施工工艺过程图

图 3.15　混凝土试块滤水保土性能测定

图 3.22　反滤混凝土的现场施工

图 3.23　反滤混凝土护岸

图 4.2　边坡钢槽与遮雨棚

(a) 框架搭接浇筑

(b) 平整后的坡面

(c) 网垫搭接与铺设

(d) 网垫U形钉锚固

(e) 铺设死草皮

(f) 覆土

图4.12 三维土工网垫的施工工艺与流程

(a) 带孔土工格室

(b) 不带孔土工格室

图5.1 带孔土工格室与不带孔土工格室

图 5.5　不同类型的土工格室人工降雨试验

图 7.1　示范区河岸生态治理前实拍现状图

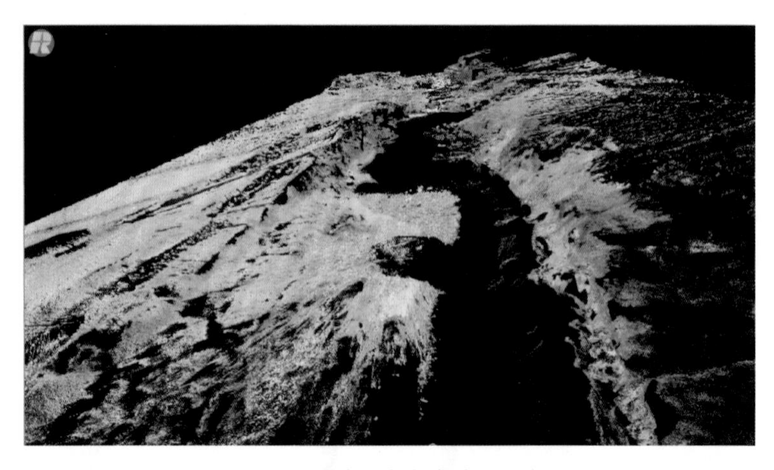

图 7.2　三维激光扫描仪实测现状图

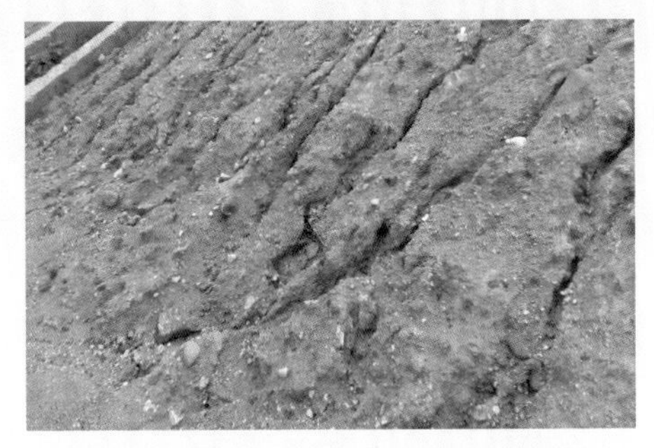

图 7.19　植被未形成时的裸坡坡脚

图 7.20　植被未形成时的土工格室护岸坡脚

图 7.21　植被形成后的裸坡

图 7.22　植被形成后的土工格室岸坡

图 7.23　1 年后的土工格室护岸效果图

图 7.24　台阶式石笼网护岸实施效果图

图 7.25　活木桩＋木格和竹栅栏护岸实施效果图

生态混凝土研发

精心设计

精密测试

精挑细选

生态护坡校内试验区(1. 现浇植草混凝土)

生态护坡校内试验区(2. 混凝土覆土、撒草籽)

生态护坡校内试验区(3. 一个月后)

生态护坡校内试验区（4. 三个月后）

植草混凝土降碱试验

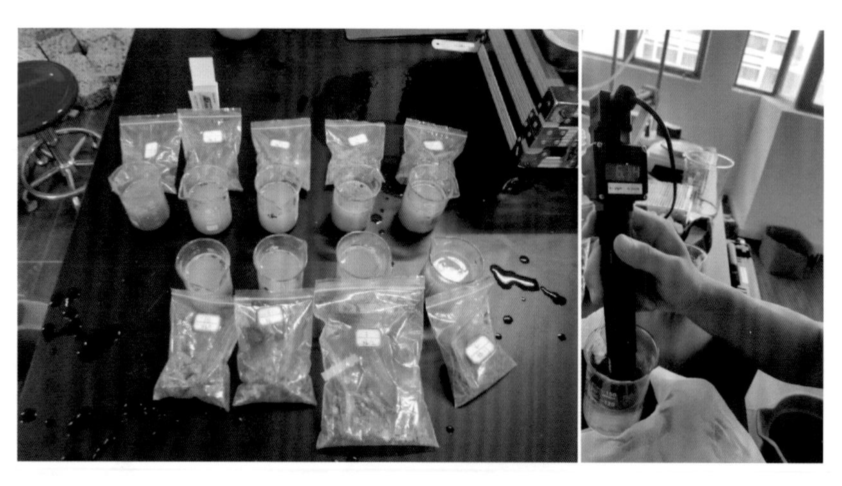

植草混凝土充植基材 pH 值测定

河流生态护岸技术应用示范规划建设期（黎川县樟溪水）

小河流护岸生态治理前后对比图

植草混凝土和反滤混凝土

治理前　　治理中　　治理一年后

土工格室

治理前　　治理中　　治理一年后

三维土工网
治理前
治理中
治理一年后
活木桩+木格和木竹栅栏
治理前
治理中
治理一年后
石笼网
治理前
治理中
治理一年后

小河流生态护岸技术应用示范区(一年后,左岸)

小河流生态护岸技术应用示范区(一年后,右岸)

项目组成员在示范区合影